传统农耕文化二十四节气在中国农垦品牌文化设计中的应用

01 黑龙江省查哈阳农场稻田

02 黑龙江省二九〇农场

03 黑龙江省江川农场丰收在望的江川牌“长粒香”水稻

04 天津黄庄洼米业有限公司稻田

05 江西省云山集团凤凰山甲鱼良种养殖场“稻鳖共生”养殖基地

01 内蒙古兴安农垦索伦牧场小麦种植基地

02 甘肃农垦条山农场马铃薯生产基地

03 新疆生产建设兵团第一师阿拉尔垦区棉花机械采摘

04 九三集团非转基因大豆种植基地

05 海南天然橡胶产业集团天然胶乳生产

01 内蒙古呼伦贝尔农垦三河牛核心群

02 内蒙古呼伦贝尔农垦谢尔塔拉农牧场三河牛

03 内蒙古兴安农垦公主陵牧场兴安细毛羊

01 皖垦茶业集团敬亭山茶场生态园

02 江西省九江市庐山综合垦殖场茶叶基地

03 广西农垦大明山农场万古茶园

04 广东省华海糖业发展有限公司雄鸥茶生态茶园

01
02
03

01 北大荒亲民食品有机白菜基地

02 甘肃亚盛好食邦食品集团有限公司食葵种植基地

03 广东农垦红江农场红江橙种植基地

04 广东农垦红星农场红土金菠种植基地

05 广西农垦明阳农场向阳红现代农业示范园

01 江苏省新曹农场有限公司玉谷牌千亩西瓜大棚种植

02 江苏农垦兴垦农业科技有限公司甜瓜丰收

03 江苏省云台农场有限公司葡萄园

04 江西省吉水县白水垦殖场吉垦金沙柚种植基地

01 江西省九江市庐山综合垦殖场碧根果树

02 黑龙江坤健农业股份有限公司灵芝大棚基地

03 江苏农垦淮海农场有限公司爱莲苑荷花新品种繁育

04 江苏省弶港农场有限公司

01 北京三元食品股份有限公司现代化乳品生产线

02 黑龙江省完达山乳业股份有限公司现代化乳品生产线

03 黑龙江龙绿食品有限公司龙玉美牌糯玉米生产加工车间

04 北大荒垦丰种业股份有限公司大豆品质分析

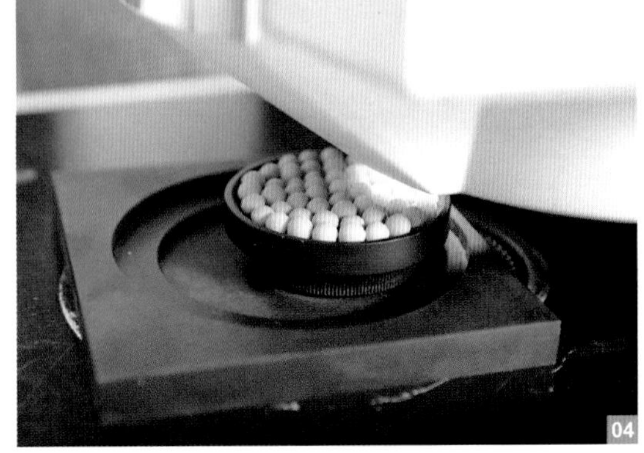

01 江苏省淮海农场有限公司渠星啤麦标准化储存池

02 北大荒亲民有机食品有限公司

03 黑龙江省红旗岭农场境内五星湖湿地

01 黑龙江省建三江红卫农场科普教育基地——红卫科技园区

02 内蒙古索伦河谷兴垦食品有限责任公司食品园区

03 宁夏农垦灵农畜牧有限公司

04 甘肃农垦黄羊河农场

品味农垦

——中国农垦品牌故事

中国农垦经济发展中心　编著

中国农业出版社
北　京

图书在版编目（CIP）数据

品味农垦：中国农垦品牌故事 / 中国农垦经济发展中心编著. —北京：中国农业出版社，2021.5
ISBN 978-7-109-28127-1

Ⅰ. ①品…　Ⅱ. ①中…　Ⅲ. ①农垦—品牌—中国—文集　Ⅳ. ①S28-53

中国版本图书馆CIP数据核字（2021）第066169号

中国农业出版社出版
地址：北京市朝阳区麦子店街18号楼
邮编：100125
责任编辑：王庆宁　　文字编辑：赵世元
版式设计：关晓迪　　责任校对：沙凯霖
印刷：北京中科印刷有限公司
版次：2021年5月第1版
印次：2021年5月北京第1次印刷
发行：新华书店北京发行所
开本：700mm × 1000mm　1/16
印张：16.75　　插页：6
字数：300千字
定价：88.00元

编写委员会

主　编：陈忠毅

副主编：许灿光　成德波　李红梅

编　委：蔡基松　张　韧　刘　芳

杨雅娜　王盼盼　李晨萌

中国农垦
CHINA STATE FARM

序

长期以来，中国共产党领导的农垦事业在克难中创业、在砥砺中奋进，创造了巨大的物质财富和宝贵的精神财富，为保障国家粮食安全、支援国家建设、维护边疆稳定做出了重大贡献。进入新时代新阶段，农垦深入推进改革发展，正在努力建设成为保障国家粮食安全和重要农产品有效供给的国家队、中国特色新型农业现代化的示范区、农业对外合作的排头兵、安边固疆的稳定器。2015年，中共中央、国务院印发《关于进一步推进农垦改革发展的意见》，全国农垦开启了以垦区集团化、农场企业化为主线的新一轮改革，旨在激发农垦企业经营发展活力，提高资源配置效率，在国内外的市场竞争中既能履行好国家赋予的职责使命，又能遵循市场规律，不断提高市场竞争力、创新力、控制力、影响力和抗风险能力。

品牌是现代经营者事业发展壮大的身份证，是赢得忠诚客户的保证。品牌的“纯度”与“亮度”不仅展现着企业的价值追求和文化境界，而且直接影响企业的商誉及其成败和兴衰。伴随着中华民族站起来、富起来，再到强起来的复兴之路，中国农垦始终以艰苦奋斗、勇于开拓的精神和勇气走在现代农业建设前列，扛起了我国农业领域行业品牌建设的大旗，并逐渐成长为值得消费者信赖的、响当当的，安全、优质农产品的代名词。近年来，农垦上下解放思想、更新观念，集聚资源优势，凝聚发展合力，自觉推动“中国农垦”公共品牌、垦区（集团）品牌、企业品牌、产品品牌的建设，多形式、多层次宣传农垦品牌，传播“良品生活、源自农垦”的品牌内涵。各垦区充分发挥资源禀赋特点，结合自身产业优势，加快推进品牌建设，成功打造了一批强势的国际化品牌、全国性品牌和区域性品牌。光明食品集团旗下的光明、冠生园、大白兔、良友，首农食品集团旗下的三元、华都、八喜，北大荒农垦集团旗下的北大荒、完达山、九三等众多品牌，都享有极高的市场知名度和号召力。

《国家质量兴农战略规划（2018—2022年）》明确要求：“以中国农垦品质为核心打造一批优质农产品品牌，做大做强做优中国农垦公共品牌。”通过品牌故事的形式挖掘中国农垦品牌文化价值，就是贯彻落实中央决策部署、推动中国农业品牌建设重要且有效的举措之一。一个时代有一个时代的使命，一个品牌有一个品牌的故事，《品味农垦——中国农垦品牌故事》站在农垦职工、消费者的角度，以生动的事例、翔实的资料，通过多种叙述方式，系统讲述了农垦的历史使命和责任担当，充分展示了农垦标准化种植、规模化生产、全面质量管理优势，全面彰显了农垦品牌个性，以及品牌发展带动产业提质增效、兴企富民的发展历程、真实感受和典型经验。《品味农垦——中国农垦品牌故事》是农垦建设现代农业大基地、大企业、大产业的征程中，对农垦品牌发展的真实记载，是农垦文化创新的重要成果。讲好农垦品牌故事，有助于“艰苦奋斗、勇于开拓”的农垦精神在新时代的传承弘扬，有助于以“良品生活、源自农垦”为核心的中国农垦品牌价值体系深入人心，将进一步凝聚农垦发展合力，推动农垦事业发展再上新台阶。

长风破浪会有时，直挂云帆济沧海。2021年是“十四五”开局之年、是全面建设社会主义现代化国家新征程开启之年、是乡村振兴全面推进之年，也是中国共产党成立100周年和南泥湾大生产运动80周年。值此重要历史节点，《品味农垦——中国农垦品牌故事》付梓，以书言志、以文载道，必将对农垦精神传承、农垦文化传播、农垦品牌价值传递起到积极作用。新时代是奋斗者的时代，新征程是追梦人的征程。希望这本书能成为传承农垦精神的生动教材，时刻激励新一代农垦人不忘初心、牢记使命，继续乘风破浪、坚毅前行，把农垦这艘中国现代农业领域航母做大做强做优！

2021年5月于北京

中国农垦
CHINA STATE FARM

前言

农垦作为现代农业的“国家队”，开展中国农垦品牌建设既是打造中国现代农业国家名片的重要任务，更是增强农垦企业核心竞争力、提高农垦产品市场美誉度、促进农垦经济高质量发展、提升农垦整体经济实力的重要途径。自2014年中国农垦公共品牌建设工作正式启动以来，经过6年多的策划布局和精心培育，“中国农垦”品牌影响力得到较大提升，形成了以“良品生活、源自农垦”为核心的中国农垦品牌价值体系。为深入贯彻中共中央、国务院关于品牌建设的决策部署，按照农业农村部关于“加强农垦公共品牌建设”的相关要求，在农业农村部农垦局指导下，2020年，中国农垦经济发展中心制定了《中国农垦品牌发展服务平台建设方案》，明确推进“以中国农垦公共品牌为核心、农垦系统品牌联合舰队为依托”的中国农垦品牌建设工作，为进一步激发农垦企业发展潜力、拓展农垦企业发展空间、扩大农垦品牌影响力指出了明确方向。

文化是品牌的精髓和灵魂，品牌价值的核心在于文化。农垦有着特殊的使命、厚重的历史、独特的文化，农垦品牌价值体系是经过多年的沉淀积累才得以形成的。从井冈山到南泥湾，从海南岛到北大荒，从祖国边疆到中心城市，农垦事业的发展一直在党的领导下砥砺前行，始终与新中国创业建设和改革开放的历程同频共振。艰苦卓绝的屯垦戍边历程，孕育了“艰苦奋斗、勇于开拓”的农垦精神，形成了独具特色、底蕴深厚的农垦文化，这是中华民族文化宝库中的奇葩，是农垦事业的“根”和“魂”，更是中国农垦品牌的“血脉”和“精髓”。

为进一步挖掘中国农垦品牌文化内涵、推进品牌建设，以故事传播品牌文化，以故事沉淀品牌精神，以故事树立品牌形象，2020年，中国农垦经济发展中心、中国农垦经济研究会成功举办了中国农垦品牌故事征文活动，得到了农垦系统内外广泛的关注和支持，征集了一批立意新颖、感情真挚、生动鲜活、笔触细腻的作品，为从品牌发展视角感知农垦、感悟农垦、感受农垦提供了丰富的事例。我们将优秀作品结集成书，呈现给读者，希望通过这些真实、具体的感人故事，全面展示农垦品牌的丰富内涵及价值主张，以及这些故事背后蕴含的农垦精神，增强社会各界对农垦品牌的认同感，推动农垦品牌价值的提升，共同为打造中国现代农业领域航母、推动农垦经济高质量发展助力添彩。

编者

2021年5月

目录

中国农垦从南泥湾走来*

夏树 买天 毛晓雅

"往年的南泥湾，处处是荒山，没呀人烟；如今的南泥湾，与往年不一般……再不是旧模样，是陕北的好江南……"这首红遍大江南北的陕北民歌，传唱的正是中国农垦事业的"第一犁"。

20世纪30年代末40年代初，陕甘宁边区遭遇敌方的经济封锁，物资匮乏。毛泽东主席号召"自己动手，丰衣足食"，王震将军率领三五九旅，高歌猛进南泥湾。几年间，荒无人烟之地变成了"遍地是庄稼，到处是牛羊"的丰饶粮仓，新中国的农垦事业从这里起步。

八十年风雨同行，春秋华章。伴随着新中国的脚步，农垦为国家保供给、为边疆保安宁的使命始终未变。一路走来，农垦已经成为保障国家粮食安全和重要农产品有效供给的国家队，中国特色新型农业现代化的示范区，农业对外合作的排头兵，安边固疆的稳定器。

中共中央、国务院高度重视农垦改革发展。习近平总书记在视察新疆生产建设兵团时强调，要发挥新形势下农垦的重要作用，兵团工作只能加强，不能削弱，要让兵团成为安边固疆的稳定器、凝聚各族群众的大熔炉、汇集先进生产力和先进文化的示范区。

---

* 本文原载于2015年12月23日《农民日报》，在选用时对部分数据、信息等内容进行了必要修改。

李克强总理在视察黑龙江农垦时指出，农垦基础较好，要因地制宜地推广应用大型农业机械，探索统一管理、统一作业等模式，发展精准农业，形成规模发展，增强农业综合生产能力，在全国发挥示范作用。站在一个新的历史起点，农垦改革翻开新的篇章，中国农垦事业发展必将迎来新的春天。

不可磨灭的历史贡献

——几代农垦人艰苦卓绝的奋斗和无私奉献，让荒原变粮仓，让戈壁变绿洲，让滩涂变良田，让野岭变胶园

在我国东北广袤的黑土地上，沃野千里，稻花金黄；在西北边疆，塔克拉玛干沙漠边缘，良田纵横，瓜果飘香；在南海明珠海南岛上，孕育着全国最大的天然橡胶林……几代农垦人从零起步，艰苦创业，屯垦戍边，保家卫国，成就了祖国辽阔大地上的丰饶富美。

转业官兵开赴北大荒

“新中国的荒地都包给我干吧！我这个农垦部长有这个信心！”中华人民共和国成立初期，担任农垦部部长的王震向中央提出，动员十万转业官兵开发北大荒。中国垦荒史上最雄壮的一幕出现了：十万转业官兵背着行李，有人还携妻带子，徒步走向没有路、没有村落的荒原，边走边唱着豪迈的歌……

来自中央警卫师的任增学就是这十万大军中的一员。转业时，他放弃留在国家机关当干部的机会，毅然选择了北大荒。一天，在八五三农场，他开的拖拉机压碎冰层，掉进被称作“大酱缸”的泥潭。他三次潜入冰水，把铁钩挂在拖拉机上，终于用绞盘机把拖拉机拉上来，自己却变成一个“冰人”，完全失去知觉，再晚一会儿出水，雁窝岛上就会多一座坟墓。

在垦荒的岁月里，像这样的危险和艰难始终伴随着每一个垦荒人。第一代农垦人正是在新中国积贫积弱的艰苦条件下，用生命成就了让世人惊叹的旷世奇迹。是他们，把荒原变成粮仓，把戈壁变成绿洲，把盐碱滩涂变成良田，把荒郊野岭变成胶园！

在西北边疆，农垦人不仅在荒漠中屯垦，还肩负着戍边的重要责任。茫茫戈壁，荒无人烟，这是世界上最干旱的地区之一，要在这里垦荒，首先要解决水的问题。1950年，王震将军在地图上沿南疆公路到库尔勒之间画了一条红线，命令驻扎在这里的18团将士把这条红线变成水渠，把冰川水引下来。

仅仅1年时间，这条全长41公里的水渠就修建完成，放水典礼那天，库尔勒全城百姓都来见证这一戈壁滩上的人间奇迹。原新疆生产建设兵团副政委赵予征回忆：“那真是吃尽了人间的苦头，那些艰难岁月今天的人们是无法想象的。”

历史不会忘记，黑龙江、新疆等垦区，在三年自然灾害时期，为国家提供商品粮119亿斤*；在“文革”期间，农垦人为全国人民度过危难做出了不可磨灭的贡献。

耕耘者数十年如一日。八十年间，农垦人建立了一批具有国际先进水平的粮食、棉花、天然橡胶、乳品、糖料等大型农产品生产基地，在保障国家

* 斤为非法定计量单位，1斤=500克。——编者注

粮食和重要农产品安全上发挥了关键性作用。

农垦还领跑我国农业现代化建设，创建不同类型现代农业示范区600多个，并与地方合作共建农业科技示范园、产业开发园，形成了垦地共建、资源共享、优势互补、共同发展的局面。驻守边疆的数百个农场一方面带动边疆社会经济发展，一方面在稳边固疆、捍卫祖国领土完整中，坚守每一寸国土……

一路走来，农垦人做出的历史贡献，始终离不开党的坚强领导。新时期，农垦人一如既往，坚持党的领导，充分发挥农垦党组织的政治核心作用，毫不动摇地坚持党对农垦的领导，始终把握坚定的政治方向，不折不扣地贯彻执行党的各项路线方针政策，这是农垦人奋力前行的坚强保障。

看到今日农垦新貌，老垦荒者、我国第一代女联合收割机手刘瑛感慨万千："农垦人把荒原变成了良田，把垦区当成了家园，屯垦戍边，在国家最需要的时候，做出了最大的担当！"

不可替代的"国家队"

——总量不大作用大、份额不大贡献大、块头不大地位高，在保供给、稳市场及维稳戍边上始终以捍卫国家核心利益为己任

"中国人的饭碗必须牢牢端在自己手里。"我国为此制定了新形势下"以我为主、立足国内、确保产能、适度进口、科技支撑"的国家粮食安全战略。实现这一战略目标，国有农业经济发挥着关键作用。农垦作为国有农业经济的骨干和集中代表，地位不可或缺。总量不大作用大、份额不大贡献大、块头不大地位高，战略性、先导性、公共性，是农垦的鲜明特征。作为老一辈革命家缔造的屯垦戍边、保障供给的特殊组织，农垦的职能定位始终是捍卫国家核心利益。

抗美援朝战争爆发后，西方国家对新中国实行经济封锁，橡胶成为重要的禁运物资。1951年，党中央做出决定：一定要建立我们自己的橡胶生产基地。

种橡胶首先要有种子，那是一场没有硝烟的战斗。为了在胶果成熟时采到宝贵的种子，官兵们把战场上对付敌人的劲头都使出来了。夜里提着

小马灯寻胶籽的营长被毒蛇咬伤，昏迷倒地；发着高烧的战士符亚福，体力不支昏倒在胶树旁……1952年9月的一天，暴雨如注，河水猛涨，陈金照为了把胶籽及时送到河对岸的中转站，不顾湍急的水流，奋力游向对岸，就在离岸边不到10米的距离时，一个巨浪打来，陈金照瞬间被洪水吞噬……

当时，国际植物学权威观点认为，北端超出北纬17°，橡胶就不能生长，我国被排除在天然橡胶种植区外。然而，农垦人用生命和智慧再次创造了奇迹。我国天然橡胶史上第一个胶园——琼安胶园大面积种植橡胶成功，这是中国橡胶史上的创举，更改写了世界橡胶种植区域的范围。如今，橡胶树已在我国北纬18°至24°地区大面积种植，农垦人还把橡胶厂开到了橡胶生产世界第一大国——泰国，走上了国际合作的发展之路。

“做保障国家粮食安全和重要农产品有效供给的国家队”，对于这一职责，农垦人不辱使命，不负重托。2003年，“非典”肆虐，北京成为重灾区，市民人心惶惶，甚至出现抢购风潮。晚上10点，接到任务的黑龙江农垦连夜调配大米，从第二天起，连续7天共15趟粮食专列发往北京，迅速稳定了北京粮食市场。

2008年春节前夕，冰雪灾害来袭，市场上蔬菜供应紧张，价格暴涨。宁夏农垦毅然舍弃一时之利，按照平时价格紧急供应银川市场，每天向银川市场供应粮食、蔬菜、奶、肉等数百吨，使银川市场春节期间鲜活农产品市场价格得到稳定，供应得以保障。

如果将农垦产量与全国各省产量比较，其粮食总产排第四，棉花总产排第二，肉类和水产品总产分别居第十五和第十三位，农垦这块“压舱石”保供应、稳市场的作用举足轻重。

农垦不可替代的作用远不止于此。它是农业现代化的示范区，在科技成果推广应用、农业机械化水平、产业化经营能力等方面始终走在全国前列，承担着现代农业先行先试的责任和义务，引领周边地区农业发展能力不断增强；它在农业对外合作和开发领域始终走在全国前列，“走出去”的规模不断扩大、投资领域更加广泛、合作层次不断升级；它是安边固疆的稳定器，共拥有边境农场276个，占全国农场总数的15.5%，守卫的边境线长5 794公里、占全国陆地边境线长度的1/4，边境农场独特的地理位置，决定了它处在抵御外来势力渗透和反分裂斗争的最前沿，在维护边境安全、促进民族地区发展上具有独特优势，是国家不可或缺的一支重要力量。

不可比拟的经营优势

——实行家庭经营为基础、大农场统筹小农场的双层经营体制，“统”“分”结合，避免了“统”和“分”两个主体间的缺位或越位

金秋时节，来到祖国的东北大粮仓，丰收的稻田汇成一片金色海洋，一台台大型收割机在田间穿行，一会儿工夫就把数百亩稻子收完，“吃”进去的是稻穗，“吐”出来的是稻粒。

“农场职工种地可轻松了，全程机械化，机械是最先进的，场里统一购买，到了打药防虫的关键时节，场里会组织统防统治、航化作业，我只到地头看着就行了。”友谊农场的职工张国军说。虽说轻松，但张国军也不敢懈怠，毕竟收成好了坏了、效益高了低了，都是自己的。

有“统”有“分”，组织化程度高，这是农垦不可比拟的优势之一。20世纪80年代以来，农垦开始实行大农场套小农场的双层经营体制，把地承包给职工经营，农场则集中力量做单个职工无力办成的事。这一变革既充分调动了职工积极性，打破了大锅饭的弊病，又保留了农场“统”的组织优势，避免了“统”和“分”两个主体间的缺位或越位。

机制畅通了，效率提高了。大规模、大机械、大科技、全产业、对外合作全面开花，无不彰显着农垦引领现代农业的排头兵作用。

大规模——中国农垦耕地面积9 630万亩*，约占全国耕地的4.8%，虽然绝对比重不大，但相对集中连片、人均面积大，家庭农场平均经营面积6公顷左右，有的家庭农场可达100公顷，远高于全国户均规模，具备发展现代农业的规模优势。农业规模化水平不断提高，也为农垦机械化提供了条件。2015年，农垦综合机械化水平达到87.5%，超过全国农作物综合机械化水平近26个百分点。

全产业——中国农垦不断延长加粗农业产业链条，优质稻麦、棉花、非

* 亩为非法定计量单位，1亩≈667平方米。——编者注

转基因大豆、乳业、种业、糖业等一批有影响、有竞争力的产业已在全国确立了优势地位。产业体系逐步完善，形成了以农副产品加工和食品制造为主，煤炭、石油化工、机电、纺织服装、橡胶及塑料加工等多业并举的工业体系。

大科技——农业科研基础雄厚，全国农垦系统有科研单位352个，从事农业科研人员共3万人。科研成果丰厚，如中国荷斯坦奶牛MOET育种体系的建立与推广，能够快速经济地培育良种公牛和高产母牛，达到了国际先进水平；主要农作物病虫害防治航空作业技术和农业航空技术规程，填补了国内技术空白。农垦系统已形成以农场农业技术人员为主体，集生产管理、技术推广服务和部分行业管理职能为一体，具有农垦特色的农技推广服务体系。

对外合作——中国农垦系统的农业生产经营在海外分布广，截至2015年已在42个国家和地区设立了113个境外企业和发展项目。境外农产品生产实现年产值近240亿元、利润17亿元。“走出去”的领域从最初的粮食、天然橡胶扩展到糖业、乳业、食用油等领域，从单纯生产环节延伸到加工、仓储、物流等。农垦大型企业集团资本运作能力不断提升，光明食品集团（上海农垦）收购世界第二大谷物食品生产企业英国维他麦公司60%股权，是我国食品业至今完成的最大一宗海外并购项目。

近年来，为增强国际竞争力、争夺话语权，中国农垦提出了联合联盟联营“三联”战略，朝着农垦国际大粮商的目标迈进；农垦还积极推行品牌化战略，相继成立了中国农垦种业联盟、中国农垦天然橡胶产业联盟和中国农垦乳业联盟，进一步提高组织化、规模化、产业化水平。

农垦的改革发展取得了令人瞩目的成绩，形成了无可比拟的优势。但与此同时，其自身存在的体制机制问题成为进一步发展的障碍。

2014年2月，87岁高龄的中共阜阳原地委书记、安徽省政府发展研究中心顾问陈复东，79岁的安徽省行政学院原院长庞振月，以及73岁的安徽省农经学会会长、安徽省原农垦厅政策研究室主任陈进等3位老同志向时任中共中央政治局委员、国务院副总理汪洋呈报了《关于加快我国农垦事业改革发展的几点思考和建议》（下文简称《建议》），为农垦改革建言献策，得到了汪洋同志的高度重视。

"位卑未敢忘忧国，我们虽然已退下来多年，仍然关注改革开放的民族复兴大业。"曾在农垦系统工作了多年、作为《建议》主要起草者的陈进始终心系农垦发展与改革。他在接受记者采访时说，农垦曾为国家做出了不可磨灭的贡献，现在和将来也必将发挥更大的作用。当前，农垦遇到了困境，改革发展的外部环境不容乐观，自身也存在不少制约因素，管理体制和机制亟待创新。因此，亟须国家通过顶层设计，用改革来化解矛盾、清除障碍，增强农垦对农业战略产业的控制力和影响力，进一步提升农垦在国家经济中的战略地位。

农业部（现农业农村部，后同）党组对深化农垦改革高度重视，会同有关部门，进行了大量的前期调研，获得了丰富的第一手资料，为党中央、国务院进行顶层设计提供了重要的决策参考。

激发活力，农垦改革再出发

——中共中央、国务院出台《关于进一步推进农垦改革发展的意见》，对农垦改革进行顶层设计，全面提升农垦转型升级的内生动力和发展活力

"新时期农垦事业只能加强，不能削弱。"2015年11月27日，中共中央、国务院正式印发《关于进一步推进农垦改革发展的意见》（下文简称《意见》），吹响了农垦改革发展的号角。针对经营机制不灵活、社会负担沉重、政策体系不健全等问题，从中央层面对农垦改革发展进行了顶层设计。

那么，具体怎么改？经济学家厉以宁表示："农垦改革的目标是搞活国有土地。"《意见》强调，允许农垦土地作价出资（入股）、授权经营，有序开展农用地抵押、担保试点，稳步推进土地资源资产化，开启了农垦土地制度改革的破冰之旅。《意见》也强调试点先行，防止国有资产流失。宁夏农垦集团有限公司负责人举例说，2011年，宁夏农垦采取土地使用权抵押担保方式发行了宁夏第一支农业企业公司债券，共募集资金18亿元，有效缓解了企业的资金短缺压力，葡萄种植、奶牛养殖等优势特色主导产业得到快速发展。葡萄种植面积由2010年的4.3万亩增加到2014年的13.2万亩，成为单个企业拥有葡萄基地面积全国之最；奶牛存栏由2010年的2.97万头增加到2014年的5.2万头，成为宁夏回族自治区最大的奶牛养殖企业。盘活土地资源为农垦发展带来新的引擎，释放出巨大的发展潜力。

从垦区层面，集团化仍将是主导方向。目前全国35个垦区中，17个垦区基本实行了集团化改革，2018年，集团化垦区生产总值和利润分别占全国农垦的62.80%和92.27%。

广东历来都是我国改革开放的窗口，其经济发展与模式创新始终走在全国前列。谈及释放市场活力，时任广东农垦集团公司党组书记雷勇健说："在集团化改革中，广东以创新驱动、走出去发展、产融结合及'互联网+'四大战略为支撑，狠抓天然橡胶、蔗糖等农业生产不放松，注重培育农产品物流及电商营销新业态，创新思维搞活旅游服务业，进而反哺农业。"

然而，放眼全国垦区，集团化改革的广度和深度还不能完全适应市场经济体制的需要，改革的任务还非常艰巨。

改革中对有条件的垦区整建制转换管理体制，完善母子公司体制和现代企业制度，对于国有农场归属市县管理的垦区，有条件的组建区域性现代农业企业集团，产业特色明显的可以联合组建农业产业公司，探索自下而上的垦区集团化改革路径。引入多元化的投资主体，也是推进垦区集团化改革的重要措施。在理顺行政管理体制方面，要从实行一个机构、两块牌子逐步过渡到一个机构、一块牌子，全面实行集团化企业管理。

从农场层面，将进一步创新农业经营管理体制，改革农场办社会职能。改革开放以来，农垦逐步建立和完善了大农场套小农场的双层经营体制，激发了经营活力。此次改革，将进一步明确农业职工与国有农场之间的关系，二者是具有劳动关系的债权关系，不同于农民承包集体土地的关系。此外，要强调"统"的功能，不能将土地一租了之，农场要在组织化、规模化、机械化等方面发挥特殊优势，提高管理和服务能力。

"改革国有农场办社会职能，直接关系到国有农场市场主体地位能否真正确立，国有农场的内生动力和发展活力能否得到全面提高。"时任江苏省农垦集团有限公司党委书记李春江说。2008年，江苏农垦全面推行国有农场办社会职能内部分开，在垦区18个农场全部设立了社区管理委员会、人、财、物相对独立，实行单列财务管理，费用开支按预算执行。积极争取地方政府部门依法授权委托管理，还在18个农场社区设立了100个左右的居民委员会，发挥居民自我管理作用。

坚守底线，构建“三大”格局

——培育具有国际竞争力的现代农业企业集团，建成一批大型粮、棉、糖、胶、乳、种子生产供应基地，让职工群众共享改革红利

“在打造都市型现代农业示范和优质鲜活农产品供应基地上，我们的思路愈加清晰。”时任首农集团（北京垦区）党委书记张福平说。要立足首都北京，打造具备国际竞争力的世界一流农业企业集团。

时任新疆呼图壁种牛场有限公司经理葛建军建议，有关部门在制定扶持政策时要向基层倾斜，帮助基层牧场提高管理水平，研究如何控制成本，提升单产水平，让牧民都能富起来。

无论是张福平，还是葛建军，他们都怀揣一个梦想：把企业做大做强，让农场美起来，让农垦人富起来。而实现这个梦，就需要用改革来推动。

改革的核心目标，就是要创新农垦行业指导管理体制、企业市场化经营体制、农场经营管理体制，建立符合农垦特点的国有资产监管体制，普遍建立垦区现代企业制度，加快培育壮大形成具有国际竞争力的现代农业企业集团。

发展的目标是：到2020年，农垦在现有基础上建成一批稳定可靠的大型粮食、棉花、糖料、天然橡胶、牛奶、种子等重要农产品生产加工基地，形成完善的现代农业产业体系。

保民生是改革的出发点和落脚点，增加职工收入是头等大事，推进垦区新型城镇化发展，统筹做好基础设施建设，健全公共服务，让广大职工群众共享改革发展成果。

汪洋同志曾强调，农垦改革必须要坚守三条底线：“决不能把公有制改没了、把农业改弱了、把规模改小了。”

农垦要想充分发挥建设现代农业的骨干引领作用，更好地服务国家战略，就要构建“三大”格局，即建设现代农业的大基地、大企业、大产业。

大基地——根据各垦区的资源禀赋、地理区位和发展水平，可将全国农垦大体分为三大主体功能区布局。一是保障国家粮食和重要农产品安全的垦区，包括黑龙江、内蒙古、新疆、广东、广西、海南、江苏、安徽等垦区，重点是保障粮食、棉花、糖料、天然橡胶和种子等重要农产品的有效供给。二是保障大中城市食品供应和市场稳定的垦区，包括北京、天津、上海、重

庆等垦区。三是保障国家边境稳定和生态可持续发展的垦区，包括新疆、黑龙江、广西、云南等垦区，重点是在边疆民族地区发挥好维稳戍边和抵御境外有害生物入侵等职能。湖北、湖南、贵州等垦区位于沿江沿湖、草原湿地和山区林区的农场，重点是强化生态涵养和水源保护功能。

大企业——农垦已经培育出一大批具有雄厚经济实力的现代农业企业集团，特别是北大荒集团、光明食品集团等年营业总收入直追世界500强的企业，农垦完全有能力、有条件打造一批具有国际竞争力的现代农业企业集团，成为农垦国际大粮商。它们既不能等同于以追求利润最大化为目的的农业跨国公司，也不能等同于发达国家以对外倾销富余农产品为目的的国际大粮商，而是要真正成为保障国家粮食和主要农产品供给安全、带动农民增收致富的国际大粮商。

大产业——发挥农垦企业集团优势，打造农业全产业链，率先推动一二三产业融合发展。推进农业生产全程标准化，建立从田头到餐桌的农产品质量安全追溯体系。农垦企业加快粮食晾晒、烘干、仓储设施建设，发展大宗农产品产地初加工和精深加工，辐射带动周边农民增收致富。推进农垦农产品流通网络优化布局，加快发展冷链物流、电子商务、连锁经营等新型流通业态，推进农垦企业品牌建设。

改革的征程已经开启，中国农垦在改革的铿锵足音中，定当一如既往、不辱使命，在中华人民共和国新时期的历史上留下浓墨重彩的一笔。时任农业部部长韩长赋表示，农垦改革的成败不仅关系到国有农业企业改革成败，关系到国家粮食安全和现代农业发展，也关系到我们能不能打造一支力量与国际跨国公司进行抗衡、取得竞争优势，更是关系到能否掌握我国农业农村经济发展主动权、巩固党的执政基础的大事。

郭沫若父女与“敬亭绿雪”的笔墨情缘

安徽省农垦集团有限公司　安徽皖垦茶业集团有限公司　王洪　陈喜

在安徽农垦博物馆陈列柜内，由郭沫若题写的“敬亭绿雪”四个字虽久经岁月，却依然遒劲有力，如行云流水般令人赏心悦目，仿佛散发着墨香与茶香混合的气息，吸引着参观者驻足。一代文豪是怎么与“敬亭绿雪”结下的笔墨情缘？故事还得从“敬亭绿雪”茶叶原产地敬亭山说起。

敬亭山位于安徽省宣城市郊，山有敬亭，因而得名。“众鸟高飞尽，孤云独去闲。相看两不厌，唯有敬亭山。”李白曾留下这样的千古名句。中华人民共和国文化部（现文化和旅游部）前部长黄镇为敬亭山题名为“江南诗山”。口中吟诗词，齿间留茶香。当地民间广为流传咏茶诗句：“持将绿雪比灵芽，手制还从座客夸。更著敬亭茶德颂，色澄秋水味兰花。”

“敬亭绿雪”生态茶园

“敬亭绿雪”得名于明代，盛于清代，清末毁于战火，其种茶采茶及制茶工艺也随之失传。一度没落的历史文化名茶引人无限遐想，令人感到扑朔迷离……直到1972年，尘封多年的“敬亭绿雪”才得以重出江湖。

1972年，安徽省科委交给当时的安徽生产建设兵团一项重要课题：恢复研制“敬亭绿雪”。安徽农学院茶叶系教授陈椽作为专家指导，兵团生产股茶参谋赵宗尧等技术人员组成了恢复研制团队。这个被茶场人称为“茶疯子”的团队五年如一日，查阅海量资料，遍访山间茶农，求教皖籍茶师，苦心研究敬亭山上成片排列丛栽的大茶树，反复修改试制方案二十多次，“敬亭绿雪”终于在1977年复原成功，并恢复了生产。消息传来，省农垦局领导击节叫好，为之欣慰。

1977年6月上旬的一天，时任安徽省农垦局党组书记俞安庆、局长赵兴世和政治处主任张洪贵到敬亭山茶场检查工作。茶场领导用刚刚恢复研制成功生产的“敬亭绿雪”招待客人。呈现在眼前的“敬亭绿雪”形似雀舌，色泽嫩绿，白毫显露，朵朵匀净；泡在杯中，白毫翻滚，汤色清澈，香气持久，滋味醇和。

谈话间，敬亭山茶场场长彭树明提议：“恢复研制后的历史文化名茶要有新的文化内涵，能否请一位名人为我们‘敬亭绿雪’题名？”

张洪贵说：“要请就请一位文化名人，‘敬亭绿雪’产于江南诗山，我提议邀请新诗奠基人郭沫若同志来题写，怎么样？”赵兴世说：“这个主意好！郭老不仅是大诗人、书法家，还是中国科学院院长，我们的‘敬亭绿雪’恢复研制成功也是科技成果。”他立即安排茶场领导尽快整理出“敬亭绿雪”相关背景的文字资料，由张洪贵带着彭树明和赵宗尧一道进京，找有关领导帮忙，一定要请到郭沫若同志为“敬亭绿雪”题写茶名。

领导当即安排罗永祥、张奇两位同志协助办理题名具体事宜，但郭老当时年事已高，身体欠佳，正在住院治疗，能否成功，还是一个未知数。那几天彭树明三人一天两次跑到部农垦局，打听消息。又是三天过去了，郭老秘书处的答复一直是：等等再说。三位同志焦急地等待着。

抱病在床的郭老得知此事后，对安徽农垦重视科技生产、恢复历史文化名茶“敬亭绿雪”表示赞许。夫人为他泡了一杯“敬亭绿雪”，但见杯中茶叶朵朵垂直下沉，犹如雪花飞舞，饮一口舌尖生津，香爽味醇，令人沉醉，“敬亭绿雪”果然不负盛名。郭老不由铺开宣纸，提笔挥毫……

1977年7月12日，罗永祥收到郭沫若秘书处一封信和郭老为“敬亭绿雪”题的字。信中写道：“由于郭老手抖，字写了两遍，以上行‘亭’‘绿’与下行‘敬’‘雪’几个字为好，可拼一下，请你们酌定。”次日，罗永祥将郭老题写的墨宝寄给安徽农垦局领导，并附信写道：“敬爱的郭老为‘敬亭绿雪’题字，是对国营农场广大职工的鼓舞和鞭策，希望你们好好地做宣传教育工作。”其后的数年中，茶场人不负郭老重望，用“绿色有机”的手笔不断做大做响“敬亭绿雪”品牌。2008年，安徽农垦在全国农垦率先、安徽省内首度实现茶叶质量全程可追溯。目前安徽农垦拥有茶叶绿色生产基地3万多亩、名优茶8 000亩、有机茶300亩，“敬亭绿雪”产品还通过了地理标志认定。特别是茶叶包装用上郭老题字后，更加声名鹊起，香飘四方。

时隔33年后的一个春天，郭老的小女儿郭平英女士来到敬亭山茶场。野花烂漫，山风清新，江南诗山的自然神韵熨贴着她的身心，她品着“敬亭绿雪”的悠悠清香，不由沉醉。应皖垦茶业集团领导之邀，她欣然提笔在宣纸上题写了“清纯如玉”四个大字。郭老一家两代人题写的这八个字，正是古人对“敬亭绿雪”茶叶的评价。

2019年秋天，全国农垦扶贫工作现场会在皖垦茶业集团举行。在茶叶集团全产业链开发的绿白黄红“四色茶”中，黄金芽作为“绿雪新贵”，干茶亮黄、汤色明黄、叶底纯黄，更有高达9%的氨基酸含量，受到参会嘉宾的热捧，现场一度出现抢购风潮。此后不久，前来敬亭山茶场调研的中国农垦经济发展中心副主任陈忠毅对郭老为“敬亭绿雪”题字的故事感触良多，他当即向安徽农垦领导提议：历史文化名茶要不断拓展文化内涵，能否再续郭老父女与“敬亭绿雪”的笔墨情缘？

经过陈忠毅的热情牵线，2019年冬月的一天，安徽农垦工会主席姜三豹等人进京拜访郭平英夫妇，商谈为“黄金芽”题名一事。郭平英深情地说：“记得父亲当年对“敬亭绿雪”茶叶特别钟爱，从1977年以后到1978年病逝前，父亲平时一直在饮用“敬亭绿雪”茶。”郭平英提议，姐姐郭庶英在书法方面造诣很高，可由她题字，择日再题。

郭庶英是著名史学家、文学家郭沫若和书法家于立群所生之女，在三个女儿当中排行第二。自幼受父母墨香熏陶，郭庶英在书法方面造诣颇深。其行草飘逸隽秀，隶书端庄舒展，篆书瘦劲工整。郭庶英曾在郭沫若纪念馆、民族文化宫、国家书画院等地举办过个人书法展，并为洪秀全故居题名。

2020年5月29日，郭庶英在书房里细细品味着“敬亭绿雪”黄金芽的清香，沉吟少许，挥毫泼墨写下“黄金芽”三个大字，一代文豪翰墨与香茗的故事在她的笔下赓续新篇……

2020年9月24日，初秋的北京丹桂吐蕊，木槿迎风，位于后海的郭沫若纪念馆内，留有一代文豪手迹的书画散发着阵阵墨香，历史学家的人生足迹在讲解员的生动阐述中渐次展开……一场特别的书法题字受赠仪式在这里举行。郭老的二女儿郭庶英女士将自己为“敬亭绿雪”茶叶题写的“黄金芽”作品，赠予安徽农垦。安徽农垦集团公司党委副书记王良贵偕皖垦茶业集团负责人赴京受赠，再续与郭老父女的这一段笔墨情缘。

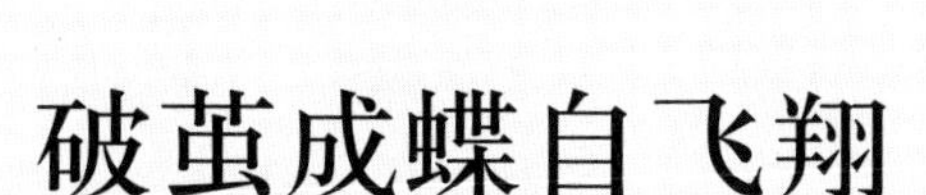

破茧成蝶自飞翔

——记北大荒“亲民有机食品”品牌及其创始人于建华

黑龙江省红星农场　王树宏

2003年7月，早已过了不惑之年的于建华临危受命，赴任红星农场场长。这个农场始建于中华人民共和国成立初期，隶属于黑龙江农垦北安管理局，总人口1.3万人，耕地面积33.5万亩。

红星农场地处偏远，人们的思想保守，接受新生事物慢，职工种地只认小麦、大豆。由于种植作物单一，导致直到21世纪初，农场发展依然滞后、负债累累，职工生活贫困，几乎家家有欠款、户户有挂账。

独辟蹊径——寻求企业发展新道路

上任伊始，农场的贫困程度还是远远地超出了于建华的想象。每天一开门，催债要账的，借款看病的，因各种原因致贫来借钱的，几乎挤破门槛。农场负债累累，百姓怨声载道。面对这样的尴尬局面，他既无奈又焦灼。

如何才能在最短的时间内，让农场甩掉贫困帽子，让百姓富裕起来？这成了他的一块心病，搅得他每天寝食难安，嘴上起了泡，扁桃体发炎，体重直线下降。但他无暇顾及这些，一心探究如何走出一条适合农场发展的特色之路。

红星农场地处小兴安岭南麓、轱辘滚河畔，气候寒凉，土质肥沃，生态环境良好，这样的资源条件最适合发展什么产业？经查阅大量资料、咨询专家，得出结论是：发展有机产业。

当时在国内，人们对有机产业并没有太多的认知，只知道生产有机产品要求标准高、生产流程复杂、产品认证难、生产监管难。正是这样，对于建华来说，才更具挑战性。

熟悉他的人都知道：只要是他认准的事，就从不会轻易放弃。他开始广泛关注国内外有机产业发展和市场需求动态，认定这是一个朝阳产业，发展前景十分广阔。

经过一段时间的深思熟虑，在一次领导班子例会上，他将“举全场之力，发展有机产业”的基本思路和盘托出。受东北人爱吃酸菜的启发，他进一步提出将生产有机酸菜作为农场的主打产品，得到班子全体的一致赞同。

艰难起步——在实践中跋涉摸索前行

发展有机产业，说起来容易做起来难。生产有机产品，首先必须打造有机生产基地。2003年，红星农场选择了2万亩开发较晚、污染较小的地块，开始尝试有机作物种植基地的为期3年的转换工作。有机生产基地禁止使用化肥农药，土地管理只能依靠人工，不但作业成本高，而且产品产量也低于常规作物，这让种植户一时无法接受。

一件新生事物的萌芽，必然会受到各种质疑，这不足为奇，关键是如何引导，如何让职工群众看到希望，激发出他们的生产热情，坚定他们的信心。

为鼓励职工种植有机产品，农场对在转换期内种植农作物每亩补贴40元；针对有机白菜产量低、生产管理难度大、职工种植积极性不高等问题，农场与种植户签定合同，以高于市场20%的价格回收产品，这让种植户最终打消了顾虑。

发展有机产业，最大的难题是对生产基地的监管。在于建华的提议下，农场为每个管理区配备了一名专职有机生产监督员。仅一个夏管，先后查处6起有机生产违规操作事件，对涉事的16名种植户进行了严厉处罚，从而彻底遏制了有机生产违规势头。

至2007年，红星农场已有4万亩有机种植基地分别通过日本、美国、欧盟的有机认证，并挂牌“国家有机食品生产基地”“国家有机产品认证示范区”。

亲民有机白菜基地

筹建公司——打造亲民有机食品品牌

2006年初，于建华开始全身心地投入到有机酸菜加工厂的筹建工作中。选厂址、定方案、跑立项、筹资金、购设备、招人才，每天就如上满弦的发条。

作为一个贫困农场的“家长”，凡事必须要精打细算。为了节约每一分钱，他先从自己做起，外出办事住宿总是挑最便宜的旅店住，吃饭总是挑最便宜的饭菜。还是为了节省资金，在购买设备时，他总是货比多家，与厂家讨价还价、据理力争。

2007年10月，全国首个有机酸菜加工厂在红星农场正式建成，建筑面积3万平方米，年产能24 000吨。用来腌渍酸菜的大罐直径4.5米，高6米，每个罐能够腌渍有机酸菜2万棵、12万斤。依托东北农业大学等科研院所，有机酸菜加工工艺采用乳酸菌厌氧发酵技术，从原料入罐前到成品入库后，要经过17道标准化生产工序严格把关，所有生产指标都优于国家标准。如酸菜产品亚硝酸盐含量，国家标准为每千克20毫克，而红星的有机酸菜亚硝酸盐含量在每千克4毫克以内。

望着落成的有机酸菜加工厂，他百感交集。期间，母亲住院、女儿考大学，他都无暇顾及。令他欣慰的是，有机酸菜厂不仅解决了300多人的就业问题，同时还联结带动2 000多个农户，每年为农场职工增收1 580万元，其中，有机作物同比常规作物回收价格高出近50%，仅此一项每年为种植户增加收入200万元。

为了叫响有机品牌，他还为其取了个响亮的名字——“亲民”。从此，“亲民有机食品”品牌应运而生。生产加工的酸菜品种呈多样化，有酸菜丝、酸菜馅、成棵酸菜，以满足不同消费群体的需求。

诚信为本——不忘初心助推企业发展

于建华常说：“诚信是企业安身立命之本。”商场如战场，企业要在激烈市场竞争中站稳脚跟，关键是要在坚守诚信的基础上把准市场脉搏，打造出属于自己、叫得响的拳头产品。

曾经，个别客商找到他，要用高价借用“亲民有机食品”的牌子销售非有机产品，并承诺按销售量给予他个人提成，被他当场严辞拒绝。

坚守初衷，秉持诚信。经过十几年的发展，“亲民有机家族”不断增添新成员，有机面粉、有机挂面、有机杂粮、有机酱菜、绿色产品等6个系列50多个品种，产品远销国内外。

质量铸就精品，精品成就口碑。亲民有机食品公司以完善的管理制度、先进的生产工艺、严格的质量管控，在业界声名鹊起，一跃成为黑龙江省农业产业化重点龙头企业、农业农村部第二批农业产业强镇建设单位。其中，有机酸菜是国内最早通过有机认证的腌渍类产品，先后荣获黑龙江省最受喜爱的百种绿色有机食品、龙江特产食品、“小康龙江”扶贫公益领军品牌，成为国家地理标志保护产品，入选中国农垦品牌目录企业品牌和产品品牌。

“亲民有机食品”先后荣获黑龙江省著名商标、黑龙江名牌产品、国家百佳农产品品牌、龙江特产产品、第十二届、十三届中国国际有机食品博览会金奖产品、消费者喜爱的黑龙江百种绿色食品“十大创新产品”等荣誉称号，现已成为北大荒旗下的高端品牌代表。

作为亲民有机品牌的创始人、亲历者、见证人，于建华正一如既往地用行动践行对红星百姓的承诺，续写出北大荒亲民有机食品品牌新传奇。

人文圣山，天下好茶

——庐山云雾茶的农垦传承

江西省九江市庐山综合垦殖场 刘璐

匡庐云雾绕天空，名茶育出此山中。

有一天，如果你上庐山来访我，我不在，请和我门口的老茶树坐一会儿，它们会告诉你我的去处与归期。它们长势依然茂盛，色泽始终青翠。你想说什么、问什么尽可随心随情，告别时请别忘了把它们的故事带走，那是我送给你的礼品。

江西庐山，风景奇秀，气候宜人，是闻名中外的游览避暑胜地。“匡庐奇秀甲天下”，一千多年前，唐代大诗人白居易就这样盛赞过庐山。

谈起庐山，那必少不了我国名茶宝库中的珍品——庐山云雾，古名钻林茶。

一品云雾茶，半部庐山史，一生农垦情。

庐山屹立在长江之南，气吞大江，影落彭蠡。这里有峻伟诡特的青峰秀峦，瞬息万变的云海奇观，奔雷堆雪的银泉飞瀑，钟灵毓秀的山林。叠石为峰，断壑为崖，清泉幽液喷流在岩石上，蒸汽上腾，蔚为云雾，四季不绝，具有夏如春的凉爽气候特点。根据二十年来统计资料，庐山年平均温度11.5℃，年降水量1 967.7毫米，年雾日数190.6天，茶叶生产季节（4～10月份）的空气湿度均在80%以上，庐山云雾茶就生长在这得天独厚的自然环境里。

庐山云雾茶历史悠久，始于东汉。自晋以后，许多诗人学者上山游览和隐居，留有大量赞美庐山的诗文，不少涉及庐山茶叶。白居易曾在庐山香炉峰结草堂、辟园圃。白居易在《香炉峰下新置草堂即事咏怀题于石上》诗文中说：“平生无所好，见此心依然。如获终老地，忽乎不知还。架岩结茅宇，断壑开茶园……”在《重题》一诗中又说：“长松树下小溪头，斑鹿胎巾白布裘。药圃茶园为产业，野麋林鹤是交游……”

庐山综合垦殖场茶园

“茶圣”陆羽曾品天下名水，列出前二十名次序，其中庐山就有三处：庐山汉阳峰康王谷的谷帘泉为天下第一泉；栅贤寺观音桥的招隐泉为第六泉，现还立着“天下第六泉”的石碑；天池寺的天池为第十泉。众多的名泉成就了这一壶庐山云雾。

庐山云雾茶闻名于宋代，宋时就充贡茶，山民也因贡茶而受苦。从廖雨《采茶谣》可知吏役狐假虎威，敲诈勒索不择手段。尽管庐山云雾茶历史悠久，但由于“兵灾火劫，官方征取过苛”，使云雾茶时兴时衰。

1913年江西省成立林场，在九奇峰下的黄龙寺附近择地育苗，植茶十多亩，1919年方采制得数十斤。1934年庐山植物园也种茶，但当时云雾茶产量很少，成为上层阶级独享的“贡品”。

中华人民共和国成立后，在党和政府的关怀下，庐山云雾茶得到迅速发展。现有茶园面积2万余亩，布满山峦。

如今，茶树品种除本地群体品种外，还引进了国内外一些抗寒性强的品种，如上梅州、龙井43号、迎霜、乌牛早等，为发展优质庐山云雾茶开拓了新的品种资源。

随历史的前进发展，庐山云雾茶的制法也不断改进提高。历史上云雾茶的制作，据《庐山志》载："焙而烹之。"方拱乾（1596—1667年）进士所作《东古山采茶诗》说："采不敢盈甲，啜不敢盈唇，烹则瀑下泉，焙则花下薪。"江皋（清顺治进士）所写《江州竹制词》说："匡庐山上采茶归，云雾迷空尽湿衣。学得北源薪焙法，江南嫩甲雨前肥。"据黄龙寺老和尚和马尾水释果一禅师说："云雾茶是三炒三采，最后烘干。"

目前，庐山综合垦殖场下属有五个茶业企业，是庐山云雾茶核心产区之一，实行"五统一"管理制度，即按现代标准化茶园统一管理；按庐山云雾茶制作工艺标准，统一加工、统一包装、统一品牌、统一销售。垦殖场建设了2座1 000平方米标准化茶叶生产车间，拥有2条半自动化绿茶生产线，建有20吨茶叶冷藏库2座，产品仓储、检测车间2座，年加工优质绿茶40吨，年产值2 000多万元。在制茶工艺传承匠心的同时，不断创新发展，形成标准化制作工艺。注册了"庐山牌"商标，在庐山风景名胜区和九江市区设有直销店，广州、深圳、南昌设有专柜。

庐山云雾弥漫，雨量充沛，土质肥沃，气候温和，日照短，昼夜温差大，生长在这样的环境里的茶树，具有芽头肥壮、白毫披复、持嫩性强、内含物质丰富、碳氮比小的特色。

1959年朱德同志在庐山植物园品尝庐山云雾茶后作诗："庐山云雾茶，味浓性泼辣。若得长时饮，延年益寿法。"茶业专家陈椽教授审评云雾茶的品质特点认为：条索圆直，芽长毫多，叶色翠绿，有豆花香味，叶底嫩黄。

"庐山牌"庐山云雾茶1982年荣获江西省优质产品称号，1983年又被评为部优，1985年荣获国家优质产品银质奖，且在1990年、1996年两次复评中保持了这一荣誉称号。1988年获首届中国食品博览会金奖，2005年至2007年连续二届获得北京国际茶博会金奖，2010年3月，庐山农垦获得国家工商行政管理总局商标局颁发"庐山云雾茶"证明商标。2020年获得第十届"中绿杯"名优绿茶产品质量特金奖。

庐山秀色可餐，庐山云雾可饮。庐山农垦愿与你分享这人与自然和谐共生的佳茗。

四十年“磨”出一个红江橙

广东省湛江农垦局　孙远辉

剪下果，剥开皮，放入口，一股清香沁透心脾，一阵甘甜拥抱味蕾，这便是国宴佳果、农垦优品——红江橙历久弥新的诱人魅力。经过40多年的不断培育、提纯，红江橙因其皮薄光滑、果肉橙红、肉质柔嫩、多汁化渣、甜酸适中等特点，先后荣获农业部科技进步一等奖、国家科技进步二等奖、中国名牌农产品、中国绿色食品、广东省名特优新农产品、国家生态原产地保护产品，以及“广东名果”“广东最具年味农产品”“首届养生奥斯卡十大养生产品”等荣誉。2020年12月，广东农垦湛江红江橙入选中国特色农产品优势区。

红江橙大丰收

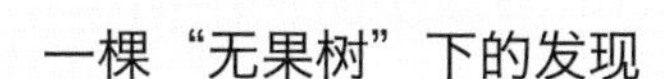

一棵“无果树”下的发现

红江橙的故事有很多种版本，但钟家存和那株“无果树”是不变的开头。

从1959年农校毕业算起，钟家存扎根红江农场已逾60年。其中大部分时间，他的名字与红江橙紧紧捆绑在一起。而今，被誉为“红江橙之父”的钟家存已是耄耋老人。当他每每精神矍铄地为红江橙品牌推广活动站台时，总是不免提到与一棵“无果树”的那场不期而遇。

1971年10月的一天，立志培育优良红肉橙子品种的钟家存又一次扎进橙园苦苦寻觅。偶然间，他发现果实累累的连片橙林中，竟有一棵“颗粒无存”。“上面结的果实特别好吃，还没熟就被大家摘光了。”一旁农工的话解开了钟家存的疑惑，却也引爆了他心中的另一个兴奋点，“这棵树很可能发生了变异，或许就是我梦寐以求的红肉甜橙。”钟家存赶紧在笔记本上记下了树的位置，还用红漆做上记号。

第二年春天，钟家存找到这棵橙树，剪下100多根芽条进行嫁接试验。两个多月后，这棵橙树所在地块便被推平改种了水稻。“真是好险。”让钟家存没有想到的是，在红江橙的培育历程中，这只是他的第一次“遇险”。

1974年，钟家存被调整岗位，不仅育苗工作停滞下来，已经培育的700多株树苗也被分散移栽到其他橙树之间。一年之后，这些树苗已经“混迹”于1.6万亩茫茫橙林。经过一番寻找，钟家存终于和这些长着榄核形叶子的“心肝宝贝”再次团聚。

1976年，红江橙挂果成功。皮薄光滑、果肉橙红、肉质柔嫩、多汁化渣、甜酸适中……凭借着一连串特质，5 000多公斤橙子被一抢而光，试销香港的1吨红江橙也很快收到了脱销增货的紧急请求。

随后，经历数次代际定向筛选提纯技术的洗礼，1986年，第四代红江橙园投产。30多位国内鉴定专家一致认可：“红江橙是一个早产、丰产、稳产的优良红肉型甜橙品种。”当年，红江橙被评为全国优质水果，并荣获农牧渔业部科技进步一等奖。在外宾接待等重要场合中，红江橙也多次登场，并赢得了美国时任总统里根、日本时任首相中曾根康弘、新加坡时任总理李光耀等多国政要的交口称赞。

一场“大病”后的涅槃

创业不易，守业更难。

“因为产量有限，红江橙往往在广东省内就消化殆尽。”湛江农垦局生产科技处高级工程师文尚华说。物以稀为贵，特级红江橙一个卖20元依然供不应求。

堆成小山的奖杯、证书，虽然让红江橙成了大名鼎鼎的名牌，却没能成为应对病害的免疫金牌。20世纪90年代初，身价金贵的红江橙因黄龙病的严重侵扰，整个产业遭受毁灭性打击。

“开发新品种不容易，而要让这个新品种历久弥新，更是难上加难。”文尚华说。经过科研人员努力，当前红江橙产业已进入恢复期。2012年，红江农场建立了热带作物标准化生产示范园，2014年12月，示范园第一批红江橙上市。“经历了阵痛期的红江橙，如今正走出低谷迎来‘红’时代。”

农场职工打破陈旧观念，运用标准化技术种植，一株株橙树变成了“摇钱树”。“我种了5亩红江橙，按现在行情估算，收入可达20万元。”职工廖兴隆说，现在市场上有假冒红江橙的现象，希望能加强对原产地正宗红江橙的保护，把品牌树起来。

此外，红江橙除了风味独特，外观也与众不同，最明显的特征就是表皮上有一条细细的红线。据说这种橙子可遇不可求，谁遇见它，谁就是有福气的人。据说有个新来农场的大学生，就是因为邂逅了带红线的红江橙，没多久就遇上了自己心爱的女朋友，并在第二年红江橙成熟时节步入了婚姻的殿堂。

关于红江橙上红线的来历，在当地还有一个美丽的传说。据说有一天，有位仙女下到凡间，经过红江农场时，看到清澈如镜的红江河，便想享受一番人间美浴。就在此时，突然有路人经过，仙女便急忙飞离人间。慌忙之中，随身携带的红丝绸带飘落到了红江橙园，挂在了红江橙上，所以红江橙也被称为“红线橙”。也有人说，其实这是红江橙脸皮薄，害羞呢！

一条“品牌增值线”的延伸

长期以来，红江橙由于产量不大，基本上在本地就以普通价格销售完了，没来得及走进全国市场，许多外地人都是百闻不得一见。加之多年来对品牌保护力度不足，市面上冒充或以次充好红江橙的现象屡见不鲜。

2013年，大学刚毕业的90后小伙郑俊奇走进红江农场，“就是想到基层去打拼、去创业”，他决定通过网络的力量，向外界推广和宣传红江橙，把红江橙的好味道传递到全国各地。当年，他相继开设了红江农场官方微博、微信公众号。接着，红江农场淘宝店正式上线，他以一名品牌推广师的身份，通过自媒体讲述农场故事，推广红江橙品牌，并开始了网络营销。

只要将“品牌是财富之源”的观念深深植入人心，经营模式便不是左右红江橙产业发展前景的核心变量。

2015年12月12日，湛江农垦举行第一届正宗红江橙开摘节。参加当天仪式的主要媒体有中央台视台、农民日报、中国农垦、南方日报等。因为宣传到位，效果立竿见影，从第二天开始，红江农场及其职工的红江橙园人来车往，销售空前火爆，价格持续走高。

2016年12月10日，第二届正宗红江橙开摘节暨红江橙展销中心开业仪式举行。其中红江橙的拍卖环节将整个活动推向了高潮。两箱10斤装红线橙被京东湛江馆客商以1.1万元竞得，即每箱5 500元，每斤550元，每个183元，创造了红江橙有史以来的最高售价。

2017年12月3日，垦区引进的首套橙类分拣设备在红江农场调试成功。整套设备从入果、消毒、清洗到保鲜、分拣、包装等一次性完成，不仅大量节约人力成本，而且有效提高分拣精度，充分满足不同市场需求和不同人群口味。

湛江农垦正宗红江橙开摘节一办三届，循序渐进，步步为营。2015年通过叫响“湛江廉江红江，达三江才正宗”口号，解决“什么是正宗红江橙”问题；2016年通过建立展销中心，解决“在哪里可以买到正宗红江橙”的问题；2017年通过引进自动分拣设备，解决“正宗红江橙到底有什么好”的问题。

凭借着近年来红江橙的品牌影响力，湛江农垦牢固树立开拓创新和市场竞争意识，全力做强做优红江橙产业，打造典型示范基地，开拓线上线下营销渠道。目前，中国特色农产品（红江橙）优势区总面积13 000多亩，主要依托湛江垦区的红江农场、长山农场、东升农场、黎明农场红江橙园建设，辐射带动农场职工和周边农户种植面积10 000多亩。

红江橙在分选流水线上

下一步，湛江农垦将加快推进红江橙主题庄园和保鲜储藏车间建设，促进红江橙生产、加工、分选、保鲜、物流销售和休闲观光全业态标准化；实现平均单产达2吨/亩，鲜果优质果率达65%，年产鲜果3万吨以上，年产值3亿元以上；新建省级以上龙头企业1～2家；建设生产科研、生态旅游、采摘品尝、科普推广为一体的国家级红江橙主题庄园，努力打造“中国领先、对接世界”的现代红江橙产业集团（红江橙优势区）。

“北大荒”品牌的故事

北大荒作家协会　赵国春

“北大荒”商标的注册至今不过30年，可“北大荒”一词的来历，却已经有半个多世纪。

“北大荒”一词广为流传，应该是在1958年以后。当年话剧《北大荒人》在北京演出，引起轰动。时任农垦部部长王震指示：“要拍成电影，一部电影全国都能看到！”1963年春节，影片《北大荒人》在京举行首映式，并陆续开始在全国公映。从此，黑土地上的人们有了一个风靡全国的称号——“北大荒人”，这个称号延续至今。后来，毛泽东主席给响应中央号召参加北大荒开发建设的中央警卫团文工队前队员李艾写了一封信，信中写道：“问候北大荒的同志们！”于是，“北大荒”在全国叫响了。

北大荒农垦基地风貌

在八五二农场开发的历史上，还流传着艾青为北大荒白酒设计商标的故事呢。

开发初期，八五二农场为解决转业官兵喝酒御寒的问题，决定在粮油加工厂成立酒作坊。酒坊的师傅用玉米等粮食酿造出了白酒后，酒瓶光秃秃的，用白铁皮盖封着口，摆在场长的办公桌上。黄振荣场长发现酒瓶上缺少商标，就找来了在示范林场劳动的大诗人艾青。艾青品尝着白酒，接受了绘制北大荒白酒商标的任务。精心绘制了几张商标图案，总觉不如意，他放下画笔，走出场部沿公路西行，不知不觉走到农场的老场部，原八五二农场的三号地头。当时正值麦收季节，康拜因*在麦海中行驶着收割小麦……

诗人灵感来了，商标很快就设计出来了，天空背景采用蓝色衬托，图中标有“北大荒60度白酒”字样，整体勾画出北大荒转业官兵喜获丰收的景象。艾青绘制的商标得到了认可，八五二农场、军川农场、八五三农场等垦区酿酒企业，都采用了这个商标。从1965开始，“北大荒白酒”就开始使用北大荒商标。现在北大荒酿酒集团的“北大荒60度”还在用这个商标。

20世纪90年代中期，黑龙江省农垦总局经贸委陆续完成了多类产品“北大荒”商标的注册。目前，“北大荒”商标主要许可集团总公司控股企业在米、面粉、肉、白酒、方便面、肉罐头等商品上使用。

为加强“北大荒”商标的管理，维护“北大荒”商标的信誉，北大荒集团总公司于2003年9月制定了《黑龙江北大荒农垦集团总公司关于印发〈“北大荒”商标使用许可管理办法（试行）〉的通知》对“北大荒”商标的申请使用条件、申请使用程序、权利与义务、收费标准及办法、违约责任等作出了明确规定。

2004年，“北大荒”牌大米被国家质量监督检验检疫总局授予“中国名牌产品”称号。2006年，使用在米商品上的“北大荒”商标被国家工商行政管理总局商标局认定为驰名商标。

世界品牌大会暨2020年（第十七届）中国500最具价值品牌发布会上发布：由北大荒农垦集团有限公司持有的“北大荒”品牌价值达1 028.36亿元，

* 康拜因，联合收割机在20世纪50年代初的叫法。——编者注

排名第50位，较2019年的789.18亿元增长239.18亿元，增幅30.31%，排名提升2位，仍然是领跑中国农业的第一品牌。

“北大荒”品牌凝聚了北大荒人的“百年梦想”，是北大荒精神的象征，是北大荒核心价值观的体现，展现着北大荒文化的独特魅力，不仅代表着绿色、优质，也代表着责任、使命，在给人们带来物质层面满足的同时，也给社会带来了良好的心理感受、心理认同和精神价值。

“要健康，就用北大荒”是“北大荒”品牌核心价值追求的重要目标。“北大荒”品牌的核心价值追求是安全健康，让消费者买得放心、吃得安心。北大荒集团注重诚信建设，信用等级达到AAA级。积极响应国家“一带一路”倡议，不断提升农业国际合作水平，出口商品已达7大类80多个品种，先后与60多个国家和地区建立了经贸合作关系，初步构建起全方位、宽领域、多层次的对外开放格局。

北大荒集团将借助资源和产业优势，不断夯实“北大荒”品牌根基。通过对外合作，使“北大荒”品牌以及“九三”“完达山”等品牌一同走向世界。按计划利用3年左右的时间，实现了“北大荒”品牌价值冲击千亿元的目标。

昔日荒凉的“北大荒”，今天，已成为富饶美丽的“北大仓”。但是，垦荒者仍然热爱“北大荒”这个意义深远的名字。他们把这个原来的地域历史代名词，当做三代北大荒人创造的精神财富。今天，北大荒不仅是个地域名词，还是一个文化概念，更是一笔无形资产，是一个品牌。多年来，我也在默默地为扩大“北大荒”品牌的影响，努力写作着。我几十年编写的30多部文集，几乎都是写的北大荒。从书名就不难看出我对北大荒深厚的感情：《北大荒风情录》《我们的北大荒》《丁玲在北大荒》《北大荒文艺史略》等。

几代北大荒人在创造丰富物质财富的同时，用自己的生命和汗水，培育了历久弥新、薪火相传的北大荒精神。真正成为郭小川诗中写到的：继承下去吧，我们后代的子孙！这是一笔永恒的财产——千秋万古长新；耕耘下去吧，未来世界的主人！这是一片神奇的土地——人间天上难寻。

我真想倾其所能，撰写一部洋洋万言的《北大荒辞典》，囊括所有带“北大荒”字的物质产品和文化产品，为北大荒品牌早日走向世界，提供强有力的智力支持。

九三：民族品牌 匠心独运

九三粮油工业集团有限公司 牟欣伦 王唯俊

说到“九三”，人们总会联想到9月3日——中国人民抗日战争胜利纪念日这个令中华民族扬眉吐气的伟大日子。

1958年初，王震将军率领10万复转官兵，投身北大荒的建设与开发。其中，位于小兴安岭向松嫩平原过渡地带的北大荒生产建设兵团第五师，于1976年改编成为九三农垦管理局。九三集团就是从原黑龙江省农垦总局九三管理局建设、发展，并走向全国的企业。

“九三”来源于北大荒开拓者们对抗日战争胜利的纪念，它既代表着对民族抗争精神的传承，也凝聚着10万转业官兵战天斗地的拓荒精神。

“九三”油是绿色健康的

九三种植基地

生在黑土地、长于北大荒的九三集团，承载着黑土地的质朴与纯粹，坚守着北大荒大粮仓的诺言与初心。“九三”将“专注国人健康”当作信仰追求，虔诚守护，坚持倡导“绿色原料、绿色工艺、绿色包装”。

1999年，九三集团引进了首个包装油生产线，并于次年生产出品了“九三”牌小包装大豆油。同时，为确保产品质量，开展了ISO9000质量管理体系标准认证工作。

“我要买两桶。”“九三这个油好，绿色健康，这次活动价格优惠，你多买桶存着吧。”2003年10月1日，九三集团首次在哈尔滨地标建筑索菲亚教堂开展食用油产品促销活动，消费者争相购买，两姐妹在现场商量着购买数量。

首次促销的圆满成功，标志着“九三”小包装食用油产品全面进驻哈尔滨市场。为适应市场需要，“九三”食用油产品的商标样式和包装规格都在不断创新变化。

“九三”品牌食用油一经问世，便成为各大粮油店的热销产品，“九三”也成为绿色、健康的代名词。

九三集团与北大荒集团北安分公司签定种植基地战略协议，建设240万亩非转基因大豆种植基地，积极促进“龙头+基地”融合，共同为黑龙江大豆产业发展提供新动能，促进国产大豆产业链健康、平稳、高质量、可持续发展。

“九三”是民族品牌，我信得过

在哈尔滨市大润发（香坊店）超市，公司领导奖励驻店业务员师玉改5 000元。这件事的起因是师玉改发现产品包装因外界原因发生问题，及时反馈给产品管理部门，维护了集团产品的市场形象和企业名誉。

品质是品牌发展的基石，九三集团始终严把质量关，58道防线，23个关键过程，15个专检点……从原料进厂到产品出厂，构建了完善的质量保障体系和产品追溯体系。一直以来，匠心品质为“九三”品牌提供了强有力的背书，也为产品进军全国市场提供了坚实保障，更成为企业长久发展的金科玉律。

“当前，九三整个带状的市场结构割裂式存在，尤其市场的开发还不够，品牌的影响力还不强，产品的见面率不高。”九三集团在二届四次职代会提出了关键性问题。如何破局？如何实现新的发展？对此，集团提出了“巩固东北，提升华北，强化西南，拓展华南，渗透华东、华中，布局全国”的营销战略，“九三”非转基因油品迅速走出黑龙江、走向全国，大到各大卖场，小到各地粮油店，都有其身影，“九三”品牌影响力、品牌强度全面提升。

“这油是新品吗？”“是的，这是九三集团的高端新品，精选当季大豆为原料，采用物理压榨……”“真好，九三品牌是民族品牌，我一直在用，这回又多了购买选择。”消费者听完工作人员的介绍，毫不犹豫地买了一桶“九三”鲜榨大豆油。在第二十八届中国哈尔滨国际经济贸易洽谈会（简称哈洽会）上，“九三”鲜榨大豆油成为消费者的“热宠”。2014年，九三集团打破了十几年来“一桶豆油打天下”的格局，开创了多品种、多规格的产品体系，“九三”玉米油、菜籽油、鲜榨大豆油、花生油等新品相继上市，其中，“九三”鲜榨、冷榨、精榨大豆油迅速成为“九三”高端市场的明星产品。

2016年3月25日，“九三”产品品牌战略发布会在北京举行。随后，通过登陆央视、冠名高铁、赞助赛事和商演、庆祝9月3日企业日等一系列推广活动，“九三”品牌价值得到几何级提升，连续12年跻身“中国500最具价值品牌榜”，品牌价值超过420亿元。

“九三”记在国民心中，散发出耀眼的光芒

“九三爱心企业，你们捐赠的物资已经到达武汉了，谢谢你们。”2020年3月17日，200箱“九三”大豆油到达武汉，20余家医院收到九三驰援物资。在运送目的地现场，志愿者“雨衣妹妹”与九三进行了视频连线。

在抗击新冠肺炎疫情的全民行动中，九三集团勇担社会责任，保供稳价、公益直送、捐赠物资、驰援武汉、义务献血……对消费者负责、对社会担当，让“九三”品牌深深印在国民心中，发出耀眼的光芒。

打好“传承”“创新”这两张牌，是民族品牌成为中国符号的关键。近年来，九三集团实施“大品牌”战略，并建设以“品牌、品质、品格”为核心的“三品”文化，努力将“九三”打造成为中国食用油第一序列品牌。

“‘九三’是土生土长的黑龙江品牌，陪伴了龙江百姓三十余年，是深

受老百姓信赖的品牌。”“品牌方下次再给我准备点儿，这油我打算长期卖了！”2020年7月5日，“青Go一夏，小康龙江”网购节活动中，“九三”品牌食用油单场销售额突破2 000万元。

2016年以来，“九三”系列油品以自营和分销模式全面入驻各大电商平台，并实现“线上+线下”开拓性销售。2020年，九三集团聚焦个性化、精准化营销，通过天猫头部主播带货、抖音打通直播链路、店铺自播等方式深耕“电商+直播”领域蓝海，激发直播电商的发展潜力。

“中国十大放心食品品牌”“中国十佳粮油品牌特别奖”“最具市场竞争力品牌”“中国食用油领袖品牌”……“九三”品牌的发展绝非一朝一夕之功，需要历史和文化的积淀，需要品质和信誉的积累，更需要一代代九三人永葆工匠精神，精益求精、脚踏实地，共同开创品牌建设新局面，谱写民族品牌发展新篇章。

小西瓜做成大品牌

——“弶农”牌西瓜的品牌故事

江苏省弶港农场有限公司　张德华

碧蔓凌霜卧软沙，年来处处食西瓜

个头浑圆，口感清甜的西瓜，是果品中的“庞然大物”。年来每入炎夏，大家自然就会想到西瓜，江苏省弶港农场的“弶农”牌西瓜，素有“皮薄如纸、瓤甜如蜜”之美誉。

弶港农场

弶港农场地处江苏省东台市境内东部，东临世界遗产地——条子泥，北依国家级麋鹿保护区，南与新街镇，西与三仓镇接壤，自然生态优美。这片质朴而自然的土地哺育了一代又一代农场人，更见证着“弶农”牌西瓜故事的发生和发展。

山重水复疑无路，柳暗花明又一村

故事缘起于20世纪90年代。20世纪80年代后期，弶港农场发展遭遇瓶颈，主要农作物大豆种植效益不高，特色农作物薄荷种植效益下滑，场办企业亏损，二三产业职工转岗。农场种什么？职工干什么？成了农场干部职工面对的现实难题。虽然弶港农场与周边乡镇历史上有种植露地西瓜的传统，但西瓜坐果期正值当地梅雨季节，梅雨稍早年份，一场雨后西瓜全泡汤，西瓜产量不稳，面积难成规模，效益难以显现。

“弶农”西瓜

众人一筹莫展之际，一位善于琢磨的种瓜人，从棉花拱棚育苗上得到启发，开创了西瓜保护地栽培的先河。从那一个小拱棚开始，早春保护地西瓜在农场开始萌芽，“弶农”品牌由此开篇。

与露地西瓜相比，大棚覆盖西瓜不仅上市早，更重要的是产量高、品质好，种植效益比露地西瓜高很多。由此，农场农业种植结构调整找到了突破口，农场职工增收有了新途径。农场党委还不失时机地抓住宣传引导和政策引导两个关键，出台扶持政策、强化典型示范、重抓技术培训、引进外来能人，稳步发展西瓜产业。农场职工种瓜积极性逐年高涨，加之农场土地集中连片、生产条件好，越来越多的邻近农场的乡镇农民涌入农场租地种瓜，农场西瓜种植面积从最初的几百亩增加到数千亩、上万亩。“弶农”品牌由此开始发展，鼎鼎大名的“东台西瓜”也开始起步。

谁无暴风劲雨时，守得云开见月明

伴随着西瓜大棚种植规模不断扩大，矛盾和问题开始显现。少数瓜农不按标准化生产、使用违禁农药、卖生瓜，农产品质量安全及市场诚信问题日益凸显；瓜农自发闯荡市场、谈判地位低、流通成本高、抗击市场风险的能力弱；西瓜与麦稻“一年一轮茬”带来病害加重、品质下降、产量降低、效益减少。诸多问题给西瓜产业发展带来了严峻考验。

农场党委以问题为导向，成立西瓜产业发展领导小组，确立西瓜产业总体发展思路，将大棚西瓜的年种植面积稳定在1万亩左右，同一块土地间隔4～5年种植一次大棚西瓜。“水旱轮作种植”模式不仅使西瓜品质、产量上去了，而且病虫害少了，土壤结构改善了。协会制定了标准化技术规程和《无公害、绿色西瓜生产手册》，出台了“关于加强环境保护建设生态农场工作的意见”和“关于做好无公害、绿色农产品质量追溯工作的意见”。西瓜产业从低水平、无序化的一家一户式生产向组织化、规模化、标准化、无公害、绿色、有机农产品生产迈进。2002年注册了“弶农”牌商标，2008年获得“中国名牌农产品”“江苏名牌产品”等荣誉称号，“弶农”牌西瓜步入品牌化发展阶段。2020年“弶农”牌西瓜成功获批江苏省首批“江苏精品”。

万里江山千钧担，守业更比创业难

为做强品牌，充分发挥品牌作用，农场西瓜产业协会，重点在制定产业规划、组织科技推广、提出指导价格、推进合作交流和创建西瓜品牌等方面开展工作。成立全国巾帼标兵、农垦劳模王亚萍“绿色西瓜种植创新工作室”和有机农业发展有限公司，建立了800多亩的用于试点推广的标准化生产基地，着力提高西瓜产业的科技含量、品种质量，增强西瓜产品质量和市场竞争力。全面开展农产品质量追溯工作，建立“生产有记录、安全有监管、产品有标识、质量有检测”的质量追溯体系，获评“农业部农产品质量追溯建设示范农场”。

回想起当年情景，时任场农业中心主任、西瓜产业协会会长的王世伯自豪地告诉我们，靠严密组织、严格管理，农场成为了当时全省唯一一家通过省级验收的无公害西瓜生产核心区、成为全省最早的有机农产品示范基地农场。2014年，通过农业部专家组现场验收，正式成为全国农产品质量安全追溯系统建成单位，实现了西瓜产品全程质量可追溯。

经过多年的建设和发展。大棚西瓜不仅为瓜农创造了亩均6 000元以上、甚至超过10 000元的纯收益，投入收益比稳定保持在1：1。农场西瓜产业每年还带动周边乡镇农民2 500多人就业，拉动了种子、农资、餐饮、旅馆、运输、中介、纸箱和网套等二三产业发展，每年瓜农的直接经济效益可达5 000万元以上，累计带动其他产业年增收超亿元，同时辐射带动了东台市近30万亩大棚西瓜支柱产业大发展。

满眼生机转化钧，天工人巧日争新

中国发展进入新时代，“弶农”牌西瓜发展也迈入新时期。随着消费者观念的变化，弶农人顺势而为，引进全美4K、王炸、夜须、三色麒麟等系列新、优、特品种，种植技术也从起初的“三膜”覆盖到“双小棚”+“双大棚”+滴灌，销售模式更是从当初的种植者自闯市场、摆地摊、找客户，到上海先锋、深圳百果园、盒马鲜生等全国大型连锁商超总经销找上门。

说起打开市场，弶港农场人也是紧跟时代潮流，2020年都在直播上卖西瓜了。著名主持人汪涵在直播带货时候卖的西瓜，就是弶港农场的西瓜！

“弶农”品牌起步于西瓜，但没有止步于西瓜。继万亩大棚西瓜后，西瓜后茬种植万亩西兰花，一百天亩纯利润1 500元以上，甚至达到2 600多元。高效种植新品西红花陆续加入“弶农”品牌行列，年亩净收益稳定在3万元以上，甚至可达5万～7万元，成为农场职工居民和周边农民增收致富新途径。

如今，弶港农场党委正带领全场广大干部职工继续谱写新时代“弶农”品牌故事。“常规农业高效化、高效农业规模化、有机农业特色化、林苗产业精品化、社会管理和谐化、党建工作品牌化”，这是弶港农场在新时期产业转型升级、高质量发展的运营理念，是一直以来农场管理经营的初心，更是“弶农”品牌的初心！

走进“雁窝岛”

北大荒农垦集团有限公司红兴隆分公司 陆书鑫

记不得哪年，从1964年版的全国十年制小学语文课本第七册中，我阅读了《开发雁窝岛》一文。课文生动地描写了1956年王震将军亲自在雁窝岛插棍选址建设黑龙江农垦八五三农场，拉开十万复转官兵开发建设雁窝岛的序幕，英雄的拓荒者“以天作被、以地当床”，誓把荒原变良田的雄壮场景可歌可泣。从那时起，我便对雁窝岛有了敬仰之情，期盼能登岛领略她的神奇与美丽。

仲夏，带着“棒打狍子瓢舀鱼、野鸡飞到饭锅里”的美丽畅想，怀着对转复官兵开发建设北大荒的无限崇敬，我走进了三江平原挠力河流域雁窝岛。一下车，清爽湿润的微风迎面扑来，夹杂着青草丝丝甜甜的空气瞬间盈满了肺腑，心田似汩汩清泉流过，醉倒了心灵、醉倒了魂魄。这是湿地这个天然大氧吧用充足的负氧离子奉送的见面礼，是湿地这个“地球之肾”敞开的迎宾之门。

小清河畔，将军山下，倒影婆娑的清澈河水宛如跳跃的水幕动画，潺潺的流水声宛如悠扬的乐曲，高耸的“拓荒者”雕塑在“雁乡铭志赋”衬托下宛如穿越时空，讲述着千年文明。品读着雕刻在汉白玉上853个字的“雁乡铭志赋”，深刻地理解了雁窝岛因特殊时期、特殊使命而有的特殊地位。

1956年6月14日，时任铁道兵司令员的王震将军带着副师长黄振荣越山岭、穿密林、过沟壑，来到小清河旁260米高的南山顶。王震将军仔细观察周围地貌，遥望对面相距600多米针阔混交的苍山翠林，俯瞰两山间历经几千年形成布满塔坨的湿地平原，聆听小青河潺潺的流水声，激动地说道：“山不高而秀雅，水不深而澄清，地不广而悠长，林不大而茂盛，难得的一块宝地呀，八五三农场的场部就建到这里了！”然后兴高采烈地向山下走去，行进中大家突然发现林中有一小簇深红色花朵，两个警卫员用小树棍在花朵下掘出一根小手指粗的山参。来到小清河边，王震掬一捧河水吸入口中，高兴地说："这河水清澈甘冽，一定能酿出好酒来。"话音未落，警卫员把刚挖出来的山参递给了王震，他更是兴奋地说："这里将来酿出好酒，再泡上山参，那可是美极了！但一根就够了，千万不要贪财呦！”

1958年10月，复转官兵在小清河旁边酿出第一锅烈酒，大家都让场长傅明贤给酒起个名字，他低头思忖了一会，说："雁窝岛养育了小清河，这酒的名字就叫'雁窝岛'吧！”就这样，雁窝岛上第一个加工产品诞生了。

走进了雁窝岛，就走进了一座久远文明的殿堂，残垣断壁珍藏着靺鞨、女真、隋唐的踪迹，北大荒精神发源地遗址展示着北大荒人"艰苦奋斗、无私奉献"的优贵品质，刻有"潜水挂钩""张德信运齿轮""罗海荣水上运油"字样的硕大雕塑展示着雁窝岛人誓把荒原变良田的豪迈气概。闲庭漫步中，一个个动人的故事令人钦佩，一幕幕动人的场景震撼心灵。

1957年，转业官兵大举开发素有"大酱缸"之称的雁窝岛，演绎了一场场惊魂动魄、可歌可泣的悲壮故事。任增学冒着生命危险三次扎进冰冷刺骨的泥浆中"潜水挂钩"的故事，先后被绘成连环画、写成小说、编成戏剧，后来成为电影《北大荒人》的经典一幕，雁窝岛由此被全国人民熟知。

1960—1962年，全国连续三年遭受了严重自然灾害。当时，八五三农场在粮食也十分紧张情况下，收到时任农垦部部长王震将军发来的一封信，写道："我们国家由于几年连续遭受天灾，同时……国家当前遇到极为严重的困难……"语重心长的话语，句句撞击着张汉荣书记、马继常场长的心扉，场领导决定将每人每月口粮以不饿死人为标准计算，调低到15斤，全场人民勒紧腰带为国献粮，两次上交粮食达623万斤，相当于41万人一个月的口粮。二分场五队粮食保管员孔德喜，日夜看管着粮食却不曾拿过一粒，终因食不果腹，饿晕倒在粮堆旁。黑龙江省作家协会理事、副主席、名誉副主席郑加真带队来到八五三农场，总结出"艰苦奋斗、无私奉献"八字精神，也是北大荒精神的前身，雁窝岛成为了北大荒精神的发源地。

时任国家副主席董必武深受雁窝岛故事感动，提笔写下了"雁窝岛"三个大字，赠送给了农场，成为雁窝岛品牌商标标识字体。雁窝岛的开发建设倍受王震将军的关怀，他曾派专机将“雁窝岛小红花艺术学校”的孩子们接到中南海，为国家领导人专场演出。

郑加真曾这样评价：说到北大荒不得不提雁窝岛，因它承载着国家特殊使命焕发出强大的生命力，又因传承了忠诚国家、敢于担当、开拓奋进、无私奉献的精神，成为了北大荒的精神圣地。

雁窝岛人在国家领导人的关怀鼓励下，以坚守极其艰苦环境为乐，北大荒的第一幅版画《荒原春夜》、第一部小说《雁飞塞北》、第一部电影《北大荒人》均在这里创作诞生。也正是乐观主义精神，引领着雁窝岛人不断开拓进取。

1999年2月，八五三农场进行了农业分公司现代企业制度运行试验，组建了雁窝岛集团，突破了企业内部各自为战的松散经营模式，实施了产业化规模发展战略，全力打造“雁窝岛”品牌，正式注册了“雁窝岛”商标。进入二十一世纪，农场以绿色做大做强品牌产品，积极开展退耕还草、退耕还林、退耕还湿工作，开发雁窝岛旅游观光农业，变资源优势为经济优势，以“雁窝岛”品牌商标注册的产品有22个类别210种。

聆听着雁窝岛的故事，崇敬之情油然而生。不知不觉间来到了“鸭蛋姐”李丽梅的野生鸭蛋和有机水稻生产基地。一见面，她便拿出手机从微信朋友圈里找到2018年11月央视“农广天地”播出时长为30分钟的《五块钱一枚鸭蛋不愁卖》专题节目，骄傲地告诉大家这个节目录的就是她。随后，李丽梅端上一盆热乎乎的鸭蛋，利落地剥掉一个鸭蛋的壳，瞬间蛋的浓香扑鼻而来，金色蛋黄透过透明的蛋清轮廓十分清晰。她将蛋使劲往桌子上一摔，鸭蛋非但没有破碎，反而弹起足有10厘米高，这是富有高含量胶原蛋白的真实验证。我禁不住地剥掉一个咸鸭蛋壳，咬上一大口，蛋黄油流出了嘴角、流到了指尖，富有弹性的蛋清塞满口腔，软糯浓香的蛋黄松散地与蛋清交融，极佳的口感和浓郁的芳香是大自然最好的馈赠。

晚餐设在李丽梅家，美食全是由雁窝岛商标产品制作而成。红烧秧歌黑猪肉肥而不腻，入口酥软即化，口齿溢出小时候妈妈的味道；榆黄蘑炒野生鸭蛋色泽艳丽，独特菌香伴着嫩滑的口感刺激味蕾分泌大量唾液，让人早已忘记了吃相；大鹅炖酸菜酸爽分明，鹅肉酥香烂脆，酸菜色鲜味浓，一下子让人胃口大开；再来上一口雁窝岛地缸白酒，口感绵柔醇厚，满口生香回味悠长……

朋友在现场介绍，雁窝岛产品多次荣获农业部优质产品、黑龙江省优质白酒精品、黑龙江省白酒重点保护优秀品牌、国家质量监督检验协会特别推荐产品、中国食品工业协会全国食品行业质量信得过产品、中国国际农业博览会名牌产品、中国酿酒协会全国酒类产品质量安全诚信推荐品牌。正是品质的保证，秧歌黑猪肉也登上中央电视台“农广天地”栏目，高钙米以每斤45元的价格行销市场，饺子醋、大豆酱油成为区域内百姓餐桌必备品，还有大鹅、食用菌、山野菜等自然纯正特色产品出口日本、韩国。2018年，湖南卫视《野生厨房》第一季在八五三拍摄了两期，也是唯一在一个地点拍摄两期的综艺热播节目，汪涵、柳岩、李诞、林彦俊、姜妍等著名艺人鼎力加盟。

历经60多年的开发建设，“雁窝岛”以其厚重的文化底蕴和独特的个性魅力打造成了全国知名商品品牌，“雁窝岛白酒”荣获“中国驰名商标”。

“雁窝岛”这个蕴含着北大荒精神的品牌，浸染着几代拓荒者的热血和汗水，也记载着他们的质朴和忠诚，是北大荒奋斗史的生动缩影。如今，这个品牌正随着“北大荒航母”行稳致远！

岳父的茶瘾

广西农垦集团有限责任公司　李贵银

岳父生性喜茶，为此，我没少花心思去帮他找茶。走遍了南北西东，也到过了许多茗茶之乡，带回来绿茶、黄茶、红茶、白茶、黑茶、乌龙茶不计其数，浙江、安徽、江西、湖南、四川等地的牌子也有若干。岳父七十多了，眼睛已经看不清字了，喝茶凭的就是色香口感“三道杠”，我问他哪种牌子的好，他竟然懵然不知。于是，我让他把喜欢的茶种留个样给我，一看可真把我“惊艳”了。原来他喝了这么多，最喜欢的还是广西农垦“大明山”品牌的“金萱红”呀。

我问我岳父：“你是不是特意挑个农垦茶哄我开心的？”岳父居然有点不高兴了，“我都不知道茶叶盒子上写的什么字！别扯没用的。如果这个茶是你们农垦出产的，那就更好找了，以后每个月帮我买一盒回来就行，其他的什么茶我都不想喝了！”

从此，我坚持每月给岳父买一盒“大明山”红茶给他喝，还特意帮他购置了一套钦州坭兴陶的茶具，每次烧开广西农垦“银安”淡泉水，用它冲洗一下茶叶，随后就连续泡两泡，慢慢饮用，岳父可是越喝越精神了。有一次岳父突然开口问我：“这个什么大明山红茶，有什么来头没有？怎么我觉得它的回甘很特别？”我应道：“这个大明山红茶，就是养脾胃、抗氧化、延缓衰老的。茶叶长在没有污染的大明山脉的山坡上，吸取天地雨露、日月精华，当然回甘好啦！人家每年还靠着这片茶叶盈利呢！”于是我便找回了一张《南方有嘉木》的微电影光盘放给他看。这一看，岳父记住了微电影里广西农垦茶业集团的一句台词“全心全意为人民做好茶”，同时也喜欢上了影片里的“金萱”姑娘，总是问，“那个金萱妹子，好活泼呀，是不是大明山农场的呀？”我说，“不是的，她是我们请来的演员。”可岳父就是不信，“看她那么清纯质朴，肯定是农场的。下次我去大明山农场万古茶园，一定要找她给表演一下茶艺才行！邀她跟我合个影应该不成问题吧！”

广西农垦大明山农场万古茶园AAA级景区

喝了八年的“大明山”金萱红茶，岳父的胃病已经不再犯了，老年慢性支气管炎好多了，饭量逐渐增加，平时也能到家门外的小河边，看看自己家门口的山。有一次双休日，我去岳父家看他，他提出了要去大明山万古茶园走动走动，我就说：“您的腿前不久摔断才刚好，还是休息两个月再说吧。”可我前脚刚离开，他后脚就迈出了家门，竟然想一个人直接去大明山万古茶园观光。那天大雨刚过，屋外道路泥泞，岳父没走多远，就跌倒在了郊区马路边的一条泥沟里。怎么爬也爬不起来，弄得浑身泥水，直到天黑了，他儿子不见人才跑出来把他背回家。

经过这次折腾，岳父又病了。医生叫他吃药，而且不能喝茶喝酒。家里人就把他的茶叶全部藏起来了，这可把他整得够呛。岳父本来就是茶酒不离身的，这下，不喝酒还能忍受，可不许喝茶，他就难了。每天茶瘾上来，挡都挡不住，喝点开水当茶，根本不顶用。把他的眼睛都急红了。周末，他给我老婆打电话，叫我再带盒新出的“大明山”金萱红茶给他，说是想闻闻味道，不喝。我就说："再坚持三五天吧，吃药疗程够了，就可以恢复喝茶了。"岳父一听，火了，一下就把电话挂了。

也许是觉得自己的态度太恶劣了吧，一会儿岳父又打电话给我说了两句软话，说是想听我讲讲大明山茶的故事。我于是就给他讲了大明山农场带动周边村民种茶脱贫致富的故事，又讲大明山一带唐朝澄州刺史韦厥和智城的故事，还有大明山天书草坪石达开练兵"峡风鼓动、翼王令下"的故事，乌龙将军和乌龙茶的故事……岳父越听越痴迷了，第二天居然叫我把大明山茶和韦厥、石达开、乌龙将军的关系列明白，写个文字给他看。我说："我还没有考证清楚，韦厥、石达开到底喝没喝大明山茶，怎么写呢？"岳父不容置辩地说道："肯定有关系。他们到了大明山，怎么可能不喝大明山茶呢？乌龙将军我好像也听说过，你再查查资料，写一写呀！"

岳父如父，父命难违。我只得紧赶慢赶地帮他搜集资料了。

可就在我准备动笔的时候，传来岳父脑出血病重住院的消息。哎，八十多岁的人了。我当天晚上去医院看望他。他一见到我，第一句话竟然是问我有没有带来"大明山"金萱红。其实我没有带，可为了安慰他，就说"带了，带了！交给护士保管了！"可话一出口，我就知道犯错了。岳父瞪了我一眼说："你看你，这点事都没办好。交给护士，我还能喝吗？"我赶紧解释，明天再另外带一盒来。岳父露出宽慰的神色，一会儿就睡着了。由于时近年底，我确实忙不开，那天以后将近半年，岳父住院、转院，我总共只看了他6次，岳父念叨着"大明山"金萱红，每次去见他，我带给他的却总是失望。随着病情加剧、体能衰退，岳父后来已经不能说话了，我们在眼神的交流中，可以看出，他念念不忘的还是"大明山"金萱红。

就在春节前3天的晚上，岳父带着对"大明山"金萱红满满的眷恋和期待，离开了这个世界。他没有留下一句话，却又留下了万语千言。

祁连山下垦味飘香

——甘肃农垦亚盛好食邦的传奇故事

甘肃省农垦集团有限责任公司 杨志斌

朋友，你品尝过祁连山雪水滋养出的优质农产品吗？你想了解军垦战士在戈壁滩上创造的奇迹吗？你想听农垦人是如何让产品飞出国门的传奇吗？今天，请你走进甘肃农垦亚盛好食邦，共同回忆激情燃烧的岁月，一起分享三代农垦人艰苦创业的故事。

一声锣响，戈壁滩上飞出金凤凰

在巴丹吉林沙漠边缘的金塔，人们至今流传着当年惊天动地的两大传奇故事：在这里，航天人发射人造卫星上了天；在这里，农垦人让一个小农场发行股票上了市。这个小农场就是甘肃农垦所属的生地湾农场（原兰字九一〇部队农建十一师七团、九团）。

20世纪50年代末到60年代，一大批复转军人和知识青年，掸去征尘、离开都市，在这片干旱缺水、风沙肆虐、生态环境脆弱的不毛之地安营扎寨。60余年的辛勤耕耘和无私奉献，三代农垦人用热血和青春把戈壁滩变成了良田，用忠诚和敬业将荒漠变成了绿洲。农垦人创业创新的步伐并没有停止，在整体改组生地湾农场资产的基础上，组建了甘肃亚盛实业（集团）股份有限公司。1997年8月18日，上海证券交易所一声锣响，甘肃亚盛实业（集团）股份有限公司挂牌上市交易，西北农业第一大股犹如涅槃凤凰横空出世。

2016年，亚盛公司顺势而为，整合甘肃农垦14家基地分公司农业优势资源，组建了甘肃亚盛好食邦食品集团有限公司，致力于打造专业化的加工和营销平台，为消费者提供健康放心的美味食品。亚盛好食邦公司按照“一切围着市场转，一切为了营销干”的要求，始终坚持“客户第一、质量第一”的理念，紧紧围绕“大宗原料、进出口贸易、终端销售”三大体系建设，下大力加强品牌建设，在国际国内两个市场中寻求突破，取得了比较好的经济效益和社会效益，2019年营业额突破4亿元。

农垦食葵种植基地

一种精神，用心血和汗水续写传奇

如何把初心和使命落实到行动上？如何在激烈的市场竞争中求生存促发展？“艰苦奋斗，勇于开拓”的农垦精神成为亚盛好食邦的核心竞争力和强大动力，使许多不可能成为可能。

克服困难抓好基地建设。公司目前已经在酒泉金塔建成5万亩辣椒基地，在河西走廊建成15万亩食葵基地，在敦煌建成2万亩红枣基地。

整体提升抓好品牌建设。统一视觉识别系统，集团及所属企业在门头、产品、办公用品等方面使用“甘肃农垦亚盛好食邦食品”的统一标识，积极参加大型食品展会、产品发布会，与《中国农垦》杂志共同举办了“甘肃农垦·亚盛好食邦杯”“垦三代”征文活动，提高了企业和产品的知名度、美誉度。

攻坚克难抓好大宗原料销售。公司重点抓好与大客户在原料购销方面的合作，与河北晨光、印度馨赛德、青岛柏兰、青岛强大等知名企业保持着良好的合作关系，与安徽洽洽、合肥真心、成都徽记等的合作更加紧密和顺畅。

创新思维做好终端销售。营销中心先后在全国建设九大营销区域，开发经销商72个，进驻终端零售店面3 500家，甘肃农垦的优质农产品走进了千家万户，“亚盛好食邦”的品牌在成千上万个店铺华丽亮相。军民融合和军队保障社会化，给企业提供了难得的发展机遇。亚盛好食邦抢抓机遇，成立军民融合办公室，派出调研组赴北京、石家庄、西安等地考察学习，到山东红嫂军供公司等企业上门取经，与青岛军民融合食品有限公司签订了战略合作协议。2019年12月至2020年4月，亚盛好食邦向山东销售优质农产品及扶贫产品近300吨，货值245.7万元。经过一年多的艰苦努力，不仅使亚盛好食邦的军民融合工作取得了实质性突破，而且促进了甘肃农垦军民融合工作的进展，甘肃军民融合食品保障中心成功注册，甘肃农垦军民食品保障有限公司组建运营。

一个梦想，让农垦优质农产品“飞”出国门

多年来，许多甘肃农垦的干部职工都有一个梦想：啥时候甘肃农垦的农产品能够走出国门，让外国人尝一尝咱们的农垦美味！

2020年3月，新冠肺炎疫情呈现全球蔓延之势，国内则在疫情防控取得阶段性重大胜利的同时，相继复工复产，一些企业开始筹划转型发展和实行“走出去”战略。与此同时，一批甘肃农垦的优质葵花籽已经漂洋过海抵达了土耳其港口，发货单位是亚盛好食邦所属的甘肃亚盛国际贸易有限公司。

亚盛好食邦的国际贸易之路及圆梦之旅来之不易。近几年，亚盛好食邦下功夫完善农产品质量追溯体系建设，先后办理完成了食品安全管理体系认证、出口有机认证等多项资质认证，确保从田间到舌尖的安全；加强与甘肃省商务厅的对接，争取工作指导和政策资金支持；组织参加西班牙国际食品饮料展、德国科隆国际食品展、中国香港国际水果蔬菜展，通过多种渠道宣传农垦品牌，推介农垦产品，一些国内经销商和外商称赞：甘肃不仅有敦煌美景，还有农垦美味！

2019年以来，面对全球经济增长乏力和中美贸易战冲击，以及新冠肺炎疫情大规模蔓延的严峻考验，亚盛好食邦在“危”中寻“机”，及时调整经营方式和业务模式，加大发展跨境电商的力度，积极打造数字化外贸模式。在传统销售体系的基础上，开通了亚盛集团阿里巴巴大宗商品国际网站、亚盛国贸公司阿里巴巴国际网站，采取双平台运营模式，并增加线上和远程培训，进一步提升了网络营销能力，保障了企业在节假日和疫情期间线上正常运营。通过跨境电商平台，新开发了泰国、土耳其、伊拉克、塞尔维亚等多国客户。最近，公司与阿里国际站共同举办了2020年第一期培训班，参加了团省委组织的“青春扶贫，能量助农”主题直播，在“阿里巴巴国际站直播”和淘宝店铺开启的线上直播中进行了扶贫蜂蜜公益众筹，并且向全球展示推介了甘肃农垦的优质农产品。

经过3年多的努力，亚盛好食邦的跨境电商平台建设初见成效，并且呈现逆势增长的向好趋势，2020年询盘数持续增长，甘肃农垦的食葵、洋葱、马铃薯、红枣等商品远销至巴基斯坦、韩国、西班牙等10多个国家，出口创汇持续增加。甘肃亚盛国际贸易有限公司被确定为甘肃省重点外贸企业、外贸转型升级示范基地。2020年6月初，亚盛好食邦入选阿里巴巴《2020中小企业跨境电商白皮书》，已经印制成册，即将走进全球买家视野。

亚盛好食邦，垦味飘香。

兴安细毛羊品牌故事

内蒙古兴安农垦集团有限公司 海福 刘风华

走进内蒙古兴安农垦公主陵牧场种羊场，“兴安细毛羊良种繁育基地”的大牌子引人注目。公主陵牧场兴安细毛羊经过六十年的逐渐转变，树立了品牌地位，成为公主陵牧场的一张名片。我们沿着公主陵牧场兴安细毛羊品牌的脉络溯源追流，就可看清兴安细毛羊品牌发展的轨迹。

公主陵牧场兴安细毛羊在草原上悠闲地吃草

四十年磨一剑，兴安细毛羊品牌美名扬

公主陵牧场成立于1947年，是培育兴安细毛羊的重点核心场，自治区

级重点原种场之一。兴安细毛羊被列为国家级牲畜品种，编入了国家品种目录。

兴安细毛羊是用蒙古绵羊作母本、澳大利亚美利奴细毛羊作父本，通过杂交改良、横交固定、导血提高培育而成的国家级毛肉兼用型细毛羊，其主要特点是体大、毛长、净毛率高、适应性强。

中华人民共和国成立初期，公主陵牧场按照上级主管部门指示，开展绵羊改良，由于技术力量薄弱、牧场各方面条件差，改良未果。直到1961年，随着畜牧业生产条件不断改善及畜牧兽医技术队伍不断壮大，公主陵牧场通过人工授精进行绵羊改良和繁育工作，从而拉开了兴安细毛羊培育工作的序幕。

二十世纪六七十年代，公主陵牧场先后引进了东德细毛羊、新疆细毛羊、波尔华兹细毛羊、阿斯卡尼细毛羊、高加索细毛羊、萨力斯克羊等优质细毛公羊，并与当地的蒙古羊进行级进杂交，使低产粗毛的蒙古羊向高产细毛的杂种羊转化。公主陵牧场分别于1972年、1974年、1976年、1978年采用特级杂种公羊选配理想型细毛杂种母羊进行横交固定，使杂交改良产生的杂种羊的优良性状长期固定下来。

至1982年6月，公主陵牧场绵羊总数达到6 802只，其中基础母羊3 866只，育成母羊1 105只，繁殖成活率59.2%，总增长率22.58%，通过杂交改良、横交固定，全场绵羊全部达到改良种绵羊标准，几大生产性能均有显著提高。1983年，兴安细毛羊正式列入自治区细毛羊科技攻关项目，公主陵牧场被确定为兴安细毛羊14个育种基点的主要攻关单位，先后引入含不同澳血的澳斯、澳波、嘎达苏、敖汉及澳洲美利奴羊等种公羊进行导血，提高改良羊的综合品质。到1989年全场绵羊全部进行导血改良后，毛长、毛量和剪毛后体重三项指标均大为提高，部分指标已经达到或超过了兴安细毛羊的育种标准。作为纺织部为发展国毛生产认定的第一个种羊示范场，公主陵牧场参加了全国的“北羊南移”工程，成为了兴安盟地区最大的兴安细毛羊培育基地和最大的澳美种公羊饲养中心。

1990年末，公主陵牧场的细毛羊存栏6 753只，全部为良种和改良种绵羊。通过公主陵牧场广大畜牧技术人员近40年的艰苦攻关，经内蒙古自治区兴安细毛羊育种委员会、自治区畜牧厅、自治区家畜改良站等部门的畜牧专家、育种专家对兴安细毛羊的最终鉴定评审，1991年5月，公主陵牧场培育出的细毛羊品种被命名为兴安细毛羊。1992年7月12日，公主陵牧场被兴安盟行署命名为兴安盟公主陵种羊场并正式挂牌，成为兴安盟唯一的种羊场。1997年11月，公主陵牧场种羊场被农业部批准为全国第二批良种养殖企业。1999年，该场引进细型澳洲美利奴种公羊对全场母羊进行导血改良，进一步提高全场细毛羊羊毛主体细度。2000年7月12日，公主陵牧场被批准为内蒙古自治区兴安细毛羊原种场。2010年，兴安细毛羊被定为国家级牲畜品种，编入了国家品种目录，是兴安盟唯一的在册养殖品种。

舍饲兴安细毛羊悠闲地“进餐”

现每只兴安细毛羊种公羊产毛量平均达到15公斤/年，每只母羊产毛量平均达到7公斤/年，净毛率50%，毛长8厘米以上，羊毛主体细度已达到64～70支纱。

推动品牌“发酵”，多机制促职工增收

随着兴安细毛羊从无到有和品牌声名鹊起，公主陵牧场坚持数措并举，不断加强基础设施建设，出台牧场养羊业管理办法，对兴安细毛羊人工改良、

配给饲料地等制定了一系列优惠政策，使得兴安细毛羊的生产性能不断提高，兴安细毛羊发展不断壮大，成为帮助全场职工增收的产业。2001年，公主陵牧场兴安细毛羊养殖在职工群众中广泛普及，年末存栏总数达到139 752只。

1997年，职工阎海涛饲养兴安细毛羊20多只，在他的精心饲养下，1999年兴安细毛羊养殖为他创收2万多元，成功脱贫，羊群在2012年发展到100多只。职工张国清是细毛羊养殖大户，他于1986年从承包场基础母羊开始发展细毛羊养殖，已经养羊30多年了，一直以来他养的兴安细毛羊很受市场青睐。2018年，他饲养200多只兴安细毛羊，羊毛卖了24 000多元、羊羔卖了12万余元。现年49岁的闫宝权也有30多年养殖兴安细毛羊的经验，现有兴安细毛羊150多只，2018年曾被科右前旗改良站定为兴安细毛羊保种群，仅养羊一项就为他创收12万余元，兴安细毛羊成了他脱贫致富的“钱袋子”。这仅仅是该场职工群众饲养兴安细毛羊，获得收益的缩影。

由于兴安细毛羊体格大、便管理、耐粗饲，适合舍饲养殖，而且羊毛品质好、细度均匀、毛长、毛细、净毛率高，是产毛量及肉用性能俱佳的品种，适应多变的市场需求。不仅该场兴安细毛羊的羊毛价格高于周边地区，而且种羊出售价格也高，彰显了品牌效益。牧场培育出的兴安细毛羊销往黑龙江、吉林、呼盟等地。2011年向盟内外提供种公羊70余只，平均一只公羊价值3 500元。

兴安细毛羊是公主陵牧场畜牧业的品牌产业，牧场对该场核心区的优秀种公羔羊采取统一收购及培育的措施，以加快种羊繁衍，实现售羊毛和种公羊的良性循环发展模式。近几年该场正在对兴安细毛羊的综合性能进行改良，引进南美种公羊品种，在原有以产毛为主的前提下对产肉多、个体大、毛质好的肉毛兼用型优良品种进行培育、攻关，使兴安细毛羊这个优秀品牌能够更好地为农业发展、农民增收服务，为满足广大人民群众日益增长的美好生活需要服务。

小王子与玫瑰

浙江小王子食品股份有限公司　刘雪

看过《小王子》的人都知道，它开放式的结局十分耐人寻味，小王子到底有没有回到他所在的B612星球？他的玫瑰怎么样了？小羊究竟有没有吃掉它……

这些我们都不得而知，唯一可以肯定的那便是小王子的纯粹和专注，尤其是对他的玫瑰，不论走到哪里心中都挂念着它，他说，“你知道的，我要对我的花负责……”

可玫瑰常有，小王子却不常有，有多少人能做到一生只专注一件事？

今天我想讲述一位身边的“小王子”，它自创办三十年以来，不知经历过多少改革和转变，可依旧在创始人王岳成总经理的带领下，始终专注于“创新食品，造福于民”，并一步一个脚印踏踏实实走到现在，它既是传统休闲零食的代表，也是与时俱进的“网红新时尚”，它就是很多80后、90后儿时的记忆——小王子食品。

诞生与成长

1988年，临安县粮食局成立“粮油饲料工业公司”，时任公司副总经理的王岳成，开始探索市场化改革。

一次偶然的机会，王总看到了《小王子》这本书，被书中小王子的纯粹和专注所打动，心想，“这不就是我们做企业、做事情所需要的本真吗？”

于是1993年，乘着改革的东风，当公司开始涉足休闲食品后，便更名为“杭州小王子食品有限公司”。自此公司把“创新食品、造福于民”作为企业使命，并于1995年年初，取得了口口脆系列、聪明棒系列以及虾条系列的研发销售成功。

然而，就在新品卖得如火如荼之时，一批聪明棒却因包材问题，质量出现了瑕疵。品质决定市场，口碑铸就品牌。王岳成深知办企业做生意诚信最重要。为了教育全体干部员工，他一把火烧掉了价值30多万元的瑕疵产品棒，提出“做食品就是做良心”的理念，从此，小王子便一直将“食品质量”当作工作的重中之重，并做到了“知行合一”！

产品质量得到保证以后，公司将目光投向了“膨化米制品”，向品质、技术难度更高的领域进军。恰巧同年，旺旺推出的雪饼销售异常火爆，一时风光无限，甚至成了行业标杆。

这时，敢为人先的王岳成决心生产雪米饼，可很多人认为这是异想天开。王总力排众议，并立下军令状，“做食品不是造原子弹，没有那么难！做不出雪饼誓不罢休！”之后便带领研发团队开始四处考察、反复实验，屡败屡战。

功夫不负有心人，历经两年终于研制出了香雪饼和鲜米饼，一经推向市场，果然掀起了购买狂潮，而这一年是1998年，小王子经过股份制改革，也成功升级为“浙江小王子食品股份有限公司”，至此开启了它在膨化食品领域坎坷而漫长的发展之路。

创新与蝶变

创新，是企业生存和发展的核心驱动力，是企业生命的源泉。小王子的三十年，是不断创新的三十年。

从2002年开始，公司便不断加大新品研发力度，在成功开发出麦烧系列和鲜贝酥系列新产品后，2009年又投产了油炸薯片。

可产品上市后，却因同质化竞争太激烈，出去一车回来还是一车。王岳成果断采取差异化战略，推出“透明装薯片”，结果一炮而红！

到2012年前后，小王子全面实施的“差异化非对称竞争战略”取得了基础成功，可随着市场的不断变化，只做老产品，只求销量，公司的发展到了瓶颈期。

王岳成发现，消费者需要的休闲零食已经不能仅满足于好吃营养，还需要满足缓解压力、调节情绪等精神需求。于是他大胆提出从卖产品转变到卖文化，在保证产品品质的基础上，再融入文化创意元素。但这些理念起初并未得到大家的接受。以至于刚提出“董小姐”这个概念的时候，几乎被全盘否定。

最后在他的极力坚持下才有了“董小姐”系列烤薯，没想到2014年，也就是上市的第一年就为公司贡献了3 400多万销售额，2015年为1亿多，2016年超过2亿，2017年更是接近3亿。

“董小姐”成功之后，王岳成决定启用双品牌运作模式，并提出企业向“专业化制造+文化创意+互联网”的全新经营模式转变。

2015年底，结合当下消费者的需求，又推出了“坚强的土豆”，主要针对6～12岁的孩子，并于2017年初投放市场，销售额超过6 000万元，是预期的三倍有余。

为了给品牌宣传造势，2016年更是斥资1 500万与功夫动漫合作，拍摄了52集大型教育题材3D动画片《小王子与土豆仔》，旨在宣传品牌文化的同时，传播正能量，讴歌真善美。

三十年风雨砥砺前行，三十年求索岁月如歌。2018年4月，小王子迎来了它的三十岁生日。

从1988年创立至今，小王子早已不是当初那个名不见经传的食品作坊，早在2010年就摘取“中国驰名商标”桂冠。2015年，与北京京粮集团达成战略合作，实现优势互补，至此成为了国有控股的混合制企业。2016年跻身全国轻工行业100强，食品行业50强。2017年更是首次冲破10亿元销售大关，首创3个冲亿元：贡献1.1亿元税收，收获1.1亿元利润，发放1.1亿元员工工资。而取得的这些累累硕果，每一次都是企业化茧成蝶的创新蜕变。

机遇与挑战

不平凡的2020年，很多企业都在阵痛中夭折，可小王子公司却在大浪淘沙中依然坚守着，要问秘诀是什么？大概只有四个字——不忘初心。

两年前，三十而立的“小王子”完成了又一次蜕变后，并没有就此止步不前，而是扬帆起航再出发，积极研发新品，不断尝试新的营销模式。

2019年，公司新推出的一款嘣咔嚓咔嚓4D玉米卷，就采用了抖音带货和直播带货相结合的推广方式。由于在产品研发初期，主创团就下足了功夫，不仅在包装设计上融入了潮流音乐元素，玉米卷的外形也做得金黄立体，玲珑剔透。因此，这款颜值与内涵齐飞的产品一经上线，便受到了广大消费者的喜爱，短短5分钟直播就有了250多万的销售额，销量屡创新高的同时，还在抖音上引发了全民热捧。

路漫漫其修远兮，吾将上下而求索。研发、创新、尝试新的营销模式，这些仅仅是小王子转型升级为更好服务于消费者的冰山一角，接下来公司还将推出千人新品试吃团和网红IP养成记等……

如果说互联网时代，机遇与挑战并存，任何事物都存在无限的可能！但想要做出好产品，只有一条途径，那就是从消费者的角度出发，做到让大家满意和认可。

小王子公司将始终牢记这一点，并始终专注于“创新食品　造福于民”，始终坚持对消费者负责到底，就像世界名著里的小王子所说的那样，“你知道的，我要对我的花负责……”

不忘初心 王朝“四十无惑”

中法合营王朝葡萄酿酒有限公司 邓雪

从1980年到2020年，从518平方米车间到现代产业园区，40载光阴如白驹过隙，已过不惑之年的王朝，不驰于空想、不骛于虚声，一步一个脚印，在“变”与“不变”中实现了历史性的进阶。

万丈高楼平地起，长盛王朝由始筑

王朝的成长史，可以看作中国葡萄酒行业发展的缩影。作为中国制造业第一家中外合资企业，王朝将法国传统的酿造工艺和国际先进的生产设备引入中国，是中国葡萄酒实至名归的开创者、引领者，王朝葡萄酒培育了中国第一代的葡萄酒爱好者，也伴随见证了中国葡萄酒的发展历程。

昔日，王朝凭借中国第一瓶“半干白葡萄酒”一战成名，产品一经问世就直供国宴，连续多年占据中国6成的市场份额，被称为中国国产葡萄酒的“三驾马车”之一。迄今为止，畅销40年的王朝干红销售累计达到5亿瓶。世界品牌实验室发布2019年中国500最具价值品牌，王朝位列第298位，品牌价值达到198亿元。

辉煌成绩的背后，是王朝对品质40年不变的坚守，从2019年重点打造的产品经典系列、干化系列的酿造工艺上可见一斑。

王朝经典系列干红由产自新疆天山北麓的优质葡萄精酿而成，勾调技艺上有显著的提升，新鲜的果香更浓郁、果香与酒香更协调，留香绵长，加强了入口的圆润感，单宁更细腻、酒体更醇厚，整体更平衡协调；王朝经典系列干白选用了渤海湾优质产区的葡萄酿酒，以玫瑰香为主、贵人香为辅，有更突出的玫瑰香气、更浓郁的果香，更明确爽净的酸感，酒体也更加醇厚。

王朝干化系列有着近三十年的技术沉淀，是王朝十年磨一剑的产品，也是中国葡萄酒的品类创新产品，这款产品凝聚了国内当下顶尖技术大师的心血，是王朝四代技术团队在王朝技艺上的创新，选取2008、2009年的优良葡萄原料酿制而成，集中体现了王朝在品牌、股东、技术、人才、研发、产品、品质等七个方面的优势；经典系列则“脱胎”于王朝引以为傲的老干红、半干白，王朝老干红、老干白系列一经问世便直供国宴，成为钓鱼台国宾宴会的常规用酒，至今供应我国诸多驻外使领馆，称得上是中国葡萄酒界的标志性产品。

王朝的初心，正是振兴国产葡萄酒的那份担当。正如有人说的那样，王朝人对中国葡萄酒行业的热忱与深深的情怀，代表了王朝的根和魂。不忘初心，方得始终，王朝将继续阔步前行在振兴国产酒的大道上。

舵稳当奋楫，风正好扬帆

作为一家已进入“不惑之年”的中国企业，王朝要如何以企业的精神体现出他的“根”和“魂”？答案是“变”，传承经典，顺应潮流，给自身全方位升级，让品牌力再上一层楼。

作为国产葡萄酒企业的佼佼者、家喻户晓的中国葡萄酒代表品牌，四十年来，王朝品牌始终坚持匠心技艺、品质传承，树立起中国葡萄酒的价值标杆。产品是品牌树立的基石，产品体系的梳理，是王朝近几年的工作重点之一。

2018年，王朝启动了产品“瘦身”计划，旗下百余款产品陆续退出市场，精简产品线的同时，王朝也在对原有产品进行提质升级，以2019年为例：5月，王朝酒业集团专家委员会正式成立，推出高端标杆产品——干化系列，延续王朝葡萄酒中西合璧的技术特点，重塑王朝工艺领先风范；7月，王朝推出国民宴席消费的标准产品——经典系列，定位为国人的标准宴席佐餐酒；9月，王朝精准定位，推出了献礼新中国成立70周年的纪念酒；12月，王朝紧扣市场需求，上新了炙手可热的生肖酒，产品体系进一步完善。

2020年6月，王朝召开了“2020王朝酒业5+4+N产品战略发布会”，公布公司全新产品布局。首先推出了五大主线系列，实现产品的全主流价位段覆盖。王朝干化创建技术标杆价值，七年藏系列定位高端品鉴产品，单品种酿造的梅鹿辄系列树立商务典范，王朝经典定位为国民宴席的标准级产品，畅销行业40年，累计销量达5亿瓶的老干红和荣获14枚布鲁塞尔金牌的半干白致力于成为国民自饮的首选产品，充分融合了王朝技术优势及市场需求变化。

同时，王朝发布干红、干白、白兰地、起泡四大优势品类，明确品牌核心品类：白兰地有传承名酒技艺的天然基因，具备高品质的特点；干白多次荣获金奖认证，在国际干白大品类中独树一帜；干红和起泡两个品类更是极具王朝风格，传统的西方工艺和口感结合国产的优质原料和工匠精神，深受市场和消费者喜爱。

在完善产品体系的同时，王朝还紧跟潮流，打破传统销售模式，如此次战略发布会，创新性采用了云直播的方式，同时将线上云探访与线下实景游进行深度结合，开创了企业产品发布与品牌营销的新模式。

直播中，主播带领全国观众探访了王朝的第一间厂房、中国葡萄酒酿造史上第一瓶全汁发酵型葡萄酒的诞生地——518车间，总占地面积9 000平方米、总贮酒量2万吨，包括引进3条意大利葡萄酒自动化罐装生产线的灌装车间以及2005年建成并投入使用、占地面积5 000平方米的王朝高档木桶陈酿车间。游览过程中，还穿插了王朝各个车间的历史故事以及王朝老员工的实景讲述，让观众跟随镜头深入感受王朝的厂区风貌和文化价值，进一步提高品牌认同感。

从线下到线上，再从线上到线下，从网购到社群再到直播，未来的市场竞争，将不会仅仅是在一个赛道的你争我夺，而是会在多个领域的融合性竞争。王朝公司已陆续引入“云约酒”、抖音直播带货、行业线上糖酒会等多种全新的营销与推广模式，参与了行业媒体组织的多场直播、线上论坛等活动，同时积极参与行业媒体直播论坛，打造多元化的营销活动。2020年，王朝搭建的线上新媒体矩阵将进一步得到完善，利用新媒体加强品牌年轻化推广力度。

在未来的征程中，王朝将始终坚持匠心技艺、品质传承，与世界对接，与潮流对话，打造一个崭新的王朝时代！

完达山乳业：
一场直播触动了我的心扉

黑龙江省八五二农场　孙海燕

“哪个是奶牛？”视频中，小外甥女伸出小手在一堆卡片中挠呀挠，抓出一张“大奶牛”，然后睁大黑葡萄似的眼睛，亮出她的招牌动作——为自己鼓掌，动作萌翻了。

“刚9个月大，就懂这么多，你是怎么培养的？”我笑赞。“姐，完达山品牌活动开始了，我得赶紧给孩子抢奶粉去！你也来吧，有优惠券。”表妹结束了视频聊天，我也扫码进入直播间。一向讲究品位的表妹就认准完达山这个牌子，我还真有些好奇。

京东直播间的LED屏上正播放着奶牛们的生活片段。主持人讲解到：这群从澳洲来的奶牛，到完达山牧场就不想走了。在这里住电动气窗的“五星级大酒店”，吃科学配比的“营养餐”，喝电控的“恒温水”，睡橡胶+海绵的“席梦思”，听舒缓的“轻音乐”，还随时享受按摩服务……我乐了，随便您怎么吹吧，领取优惠券才是我的目标。

紧接着，一轮与网友的互动环节掀起了直播高潮。

“我母亲70多岁，又有糖尿病，适合喝什么产品呢？”

“完达山中老年奶粉用木糖醇代替了白砂糖，不会给人体胰岛增加工作负担。这款产品里还添加了硒、铁等多种微量元素和膳食纤维，很适合中老年人食用。”

“我家孩子一岁多，喜欢看动画片。可我怕对孩子视力不好，他应该喝什么奶更合适呢？”

“建议选用完达山菁采系列，里面添加的叶黄素对视网膜有保护作用，这款产品成分更接近母乳，让宝宝感受到妈妈的味道。另外，还建议选用元乳系列，它内含的乳铁蛋白是一种天然免疫活性物质，对宝宝脑部智力发育有帮助，被称为宝宝的“脑黄金”。每14公斤原奶中才能提炼出1克乳铁蛋白。”

现代化牧场

看到这里，我将信将疑，表妹家萌宝智商似乎高于同月龄的婴儿，难道与一直食用完达山产品有关？

“完达山乳业，是我一直信赖的品牌！”

“我家宝贝今年5岁，肠道不太好，选哪款产品更合适？”

“完达山乳业讲诚信，有温度，真正懂得和贴近老百姓心声！”

提问的，评论的，感慨的——直播间的公聊区唰唰地滚动着。

一轮刷奖开始了，我没抢到优惠券，抓起桌上一盒臻醇奶吸了几口，浓郁的奶香安抚了失落的我。无意间一瞥，臻醇也是完达山的产品！我突然想验证什么，跑进厨房翻了起来：原来我每天早晨喝的豆粉、晚上喝的牛奶都是完达山产品，它已默默陪伴了我多年，可我一直没关注过它。一时间，我对“完达山”产生了浓厚的兴趣，敲击鼠标穿越网络去追寻……

20世纪50年代末，时任农垦部部长的王震将军到八五一一农场慰问复转官兵时，鼓励农场走“以农为主，农林牧结合，多种经营”的道路。可正赶上三年困难时期，粮食歉收，战士们吃不饱，哪有粮食喂家畜家禽呢？农场刚刚兴起的养殖业进入了低谷。

1963年2月，王震将军指示东北农垦总局派生产处时任处长张源培到八五一一农场兼场长和党委书记。考虑到猪、禽消耗粮食太多，与人争地，张源培提出发展奶牛业，得到了王震将军的赞同，从而确定了畜牧场以发展奶牛为主的格局。同年6月，王震在上海养病期间，仍惦记毛泽东主席“让娃娃们长高一寸，让中国人更健康，就要多吃牛奶和肉”的嘱托，他与上海市委书记商定支援北大荒事宜，并电召张源培面议建立畜牧基地的方案。

1963年6月末，张源培在农场奶牛技术员的陪同下到达上海，王震接见了二人并转达了毛主席的嘱托。他们在酷热的上海奔波了40多天，终于完成了选牛任务，并在周恩来总理的帮助下，将由30多节货车组成的运牛专列从上海发出，浩浩荡荡地开往北大荒，顺利将345头育成奶牛运到农场。1964年春，王震又从北京双桥农场、北京畜牧研究所等地选调405头育成奶牛进场。王震将军亲自调运的这750头奶牛，被后人亲切地称为“将军牛”。

1990年8月，王震到完达山食品厂视察工作时，得知奶牛已经发展到5 500头，非常高兴，他鼓励大家继续努力，为早日实现万头奶牛场而奋斗。

多年过去了，完达山人始终秉承王震将军的嘱托，让完达山乳业发展壮大。截至2012年末，八五一一农场奶牛存栏已达到16 000头，成为完达山乳业最大的奶源基地。

为了让全国老百姓都能喝上一杯健康好奶，完达山人视产品质量和信誉为生命。1979年，工厂的一位包装班班长，在商店柜台上发现一袋“完达山牌”奶粉封口不合格，她就主动把这袋奶粉买回来，向全班进行思想教育。

2003年的一天傍晚，一位员工发现包装机上的一枚螺丝帽不见了，立即报告给王贵仁厂长。王厂长马上让大家停止包装，开始一袋袋地用手摸排查。可螺丝帽太小，这种方法很难发现。“要是长个透视眼就好了，一眼能看到这个螺丝帽在哪袋奶粉里。”员工的一句话启发了王厂长，他立即联系医院，用X射线对奶粉进行一一透视。透视到第150箱时，才发现那个“祸首”。看着螺丝帽从奶粉袋里取出，大家悬着的心才安定下来。

现代化生产车间

2010年8月12日，时任中央党校报刊社社长肖勤福到完达山调研时说："是北大荒精神过滤了产品中的杂质。"是的，完达山乳品问世以来，经国家质量技术监督局历年、历次抽检，合格率始终保持100%，经受住了一次次奶粉市场风波的考验。

完达山乳业在20世纪80年代曾4次蝉联国家银质奖章；20世纪90年代被认定为"中国驰名商标"；2000年后，分别荣获"50强人民信赖品牌""中国信用典范企业"等称号；2015年获优秀企业奖、优秀新产品奖等7项大奖；2016年被授予中国品牌节"华谱奖"。完达山乳业连续7年摆上全国"两会"餐桌，连续8次被国家八部委认定为全国农业产品重点龙头企业……

追寻完达山乳业的发展足迹，我激动不已，之前的疑惑也找到了答案。我自豪，为黑龙江农垦有这样立得住、叫得响的品牌而自豪；我感动，被一代代以厂为家、以智取胜的完达山人的事迹所感动！

此时，直播间新一轮的抢购活动开始了，我毫不犹豫加入了购买行列。公聊消息翻动得更猛了，令人目不暇接，直播间人数竟然达到30万人。我不清楚这场直播能触动多少人的心灵，圈粉多少，但我知道，其中一个忠实的新铁粉，一定是我。

三元，70年只为一杯好牛奶

北京三元食品股份有限公司　杨希

伴随着新中国农垦事业成长的步伐，北京奶业在北京农垦的呵护下，从零开始蹒跚起步，从大蒸锅手工灌装开始，从一个人一辆自行车走街串巷开始。历经70年的奋斗，北京奶业三元品牌从无到有，从简陋的奶站，已发展成为全国知名的乳品企业——北京三元食品股份有限公司；历经70年的坚守，三元始终厚植于首都品质，专注于国人健康，将一杯杯有“温度”的新鲜牛奶送至千家万户；历经70年的传承，三元以良心诠释坚守，以匠心锻造品质，用爱心呵护消费者，以非凡匠心引领中国民族乳业健康前行。

三元，70年，用心为爱，只为国人一杯好牛奶。

位于北京市大兴区的三元食品公司瀛海工业园

承载历史重任，三元因责任而诞生

1949年5月，老红军樊士成率队带着三头奶牛，赶着五辆马车和20多匹大牲口从西柏坡来到北京。正是来自革命老区的这三头奶牛，成为北京奶业的开端。

为了能让更多的市民喝上牛奶，20世纪50年代初，中共北京市委、市政府把奶业列入经济发展计划，努力增加牛奶供应。1956年3月1日，北京三元食品股份有限公司的前身——国营北京市牛奶站正式成立。

当时，加工鲜牛奶和其他副食品一样都十分紧缺，年人均消费牛奶不足1公斤。1957年深秋，牛奶供应出现紧张局面，北京市牛奶总站一面紧急从外地调奶，一面让奶站的送奶员到订户家做动员，让成年人先停奶以保证病人、婴幼儿的牛奶供应，得到大家的支持，4 989.52千克奶全部给了病人和婴幼儿。

1959年2月25日，北京下了场百年不遇的大雪，积雪二尺多深，全市交通中断。眼看雪越下越大，全市老人孩子的奶还没送出去，北京牛奶总站全体总动员，站长、书记，甚至食堂的大师傅，都冒着风雪蹬着三轮车，扛着奶箱，挨家挨户送奶。一天下来，所有人的棉鞋湿得能挤出水来。但令人欣慰的是，40 823.31多千克奶、10万多家订户，无一遗漏。

特殊的年代总能牵起特别的缘分，在很多老北京人的印记中，牛奶的味道似乎格外香甜，而北京牛奶总站也成了一种不可或缺的北京记忆，它见证着北京奶业从无到有，从小到大，从弱到强的发展历程。

传承责任担当，三元在市场发展中成长

1968年，顺应市场发展需要，国营北京市牛奶站更名为北京市牛奶公司。

1978年改革开放以后，三元食品进入快速发展时期。先后引进国际生产线，形成了规模化、现代化的格局，从根本上解决了北京市民“喝奶难”的问题，确保了牛奶市场的供应。

许多20世纪60、70年代出生的北京人都有这样的记忆：到了会“打酱油”的年纪，每天必做的一件事就是和小伙伴一起，提着小奶筐跑到大院的传达

室去取奶，把奶卡交给传达室的大爷，看着大爷在上面盖个红戳，然后高高兴兴地回家享受牛奶的美味。三元牛奶伴随了几代人的成长。

1997年，整合优质奶业资源和麦当劳50%权益后，北京三元食品有限公司成立，作为北京控股有限公司成员在香港上市，标志着三元食品进入了现代奶业发展新阶段；2001年改制成为北京三元食品股份有限公司；2003年在上海证券交易所挂牌上市。

如喝着牛奶长大的孩子一般，三元食品也在生机勃勃地成长着。随着国内外竞争的不断激烈，乳品行业的发展环境越来越严苛，三元始终坚持“质量立市”，用品质说话。70年的发展历程中，三元形成了独特的全产业链生产模式。种源优良的奶牛是获得高品质牛奶的基础。一直致力于优质种牛培育的北京牛奶中心拥有优良奶牛品种，从种源上保证了牛奶的高品质。优质的奶源是生产高品质牛奶的核心。三元食品在国内乳制品行业中率先建成了与国际标准接轨的自有奶源基地，奶源与加工车间无缝对接，从源头保证了牛奶的安全与高品质。严格的质量管理体系是生产好牛奶的保证。牛奶加工的每一个过程都严格监管，严把检验关、生产关、原料关。在严格遵守国家、行业标准的基础上，实施更加严格的内控标准，为好牛奶的诞生提供了可靠的保证。

在市场改革发展的大潮中，三元不仅凭借安全高品质的产品得到了消费者的认可，还在发展中不断创新。

1997年，中国第一款早餐奶在三元诞生了；2003年，三元的低乳糖牛奶上市，为乳糖不耐者解决了喝牛奶的问题；2005年，中国最早采用陶瓷膜微滤除菌技术，生产最纯净的新鲜牛奶，低温极致ESL乳在三元下线；2016年，三元旗下布朗旎烧酸奶风味发酵乳在法国巴黎国际食品展览会中摘得“SIAL国别奖”，并成为中国唯一获得该项殊荣的产品；2017年，全产业链创新升级，三元推出了国内首款A2 β-酪蛋白纯牛奶，创新升级了促进中国宝宝体质，三元爱力优婴幼儿配方乳粉使肠道健康与智力发育更接近中国母乳喂养，并两次入选国家重大科技成就展；同时，全面升级了72℃低温杀菌工艺，更大限度地保留了牛奶的活性物质。

目前，三元拥有唯一国家级母婴乳品科研中心，并牵头成立国家首个“国家乳品健康科技创新联盟”。提高产品科技含量、提升消费者健康体质，带给消费者全生命时段的营养健康，是三元做好牛奶的初心。三元用实际行动引领了行业的发展，成为中国乳品消费市场的风向标。

顺应市场发展，三元再续辉煌

三元的商标，三个圆形中间由一个人字连接，分别代表消费者、经销商及企业员工，象征着三元以人为本的企业文化，同时，人字将整个标志分割为三个心形花瓣，分别代表三元的“良心、爱心和责任心”，寓意用良心、爱心和责任心呵护消费者、经销商和企业员工。每个三元人，都从未敢懈怠、未敢浮躁，始终用严格的标准来坚守与传承着三元的企业文化。

数十年来，三元的发展离不开各级领导和广大消费者的关怀和信任，正因为这份信任，三元敢于创新，用真心服务社会，奉献社会。正是因为这份责任，三元食品承担了重大会议、活动的乳品供应任务。

现代化乳品生产线

三元见证了时代的发展，更主动顺应市场需求，加速自身转变发展，全面驱动企业快速、健康、可持续发展。从成功竞得三鹿资产、重整太子奶，到国际领先、国内一流的乳制品加工生产基地相继在北京、河北两地建成、投产，再到收购高端冰淇淋品牌八喜冰激凌、收购加拿大高端有机奶品牌阿瓦隆、联手复兴收购法国百年健康食品企业圣休伯特，这些都为三元在“大健康产业”的蓬勃发展增添新的动能。

70年如一日的坚守，70年如一日的传承，三元用70年的时间滋养了几代人，也塑造了一个深受消费者喜爱，能够代表安全与信任乳品的民族品牌。这喜爱，是经年累月形成的习惯，是健康陪伴的爱与关怀，更是70年一起见证祖国成长、共筑中国梦的缘分。

索伦河谷，我永远的思恋

内蒙古兴安农垦索伦牧场　邓笠

时隔多年，又踏上了索伦河谷这片土地。满坡绿油油的滚滚麦浪，预示着又是一个丰收在望的好年景。

“馒头出锅了。”听着老战友的招呼，看着端上桌热气腾腾的馒头，思绪一下便回到了20世纪70年代。几十年后的今天，又回到了索伦牧场，吃上一口刚出屉又暄又甜的全麦馒头，细细品味，嚼出了五十年前那纯纯的麦香味道。作为20世纪70年代初的老知青，又能吃上索伦牧场原汁原味的全麦馒头，真是喜出望外，打心眼里高兴。

索伦牧场位于大兴安岭南麓的索伦河谷，于1949年建场，与中华人民共和国同龄。原为隶属总后勤部军马局的索伦军马场，后几经更迭，现为兴安农垦索伦牧场，有着近七十年的小麦、大豆种植经验。当年作为知青来到这里，也亲历了春播秋收那热火朝天的过程。

索伦河谷兴垦食品有限责任公司食品园区

这是一片富庶的土地，水草丰沛，土地肥沃，缘于索伦河谷的土壤有机质含量较高，原生态资源保护良好，早在2012年就通过了国家绿色食品小麦原料标准化生产基地认证。索伦牧场人不辜负这块金字招牌，乘势而上，先后投资810余万元，对面粉加工厂进行了大规模技术改造和扩建，引进了日加工能力120吨小麦的现代化面粉生产设备，用智能化管理把原粮红小麦进行深加工，形成了生产多种规格、适应多层次、满足多品种面食制做需要的“索伦河谷”系列面粉产品。多年前机声嘈杂，粉尘四起的加工车间早已被宽敞洁净的现代化厂房取代，智能管控更精准地掌控产品质量。不添加任何改良剂，是索伦牧场人秉持的原则和承诺，以小麦本身纯净自然、口感筋道、麦香浓郁的特点为百姓所接受。

曾几何时，受设备落后、产品单一、加工不精细等制约，索伦河谷这片土地生长的优质小麦失去了往日的辉煌。新一代农垦人不甘平庸，切脉问诊，看未来，谋发展，把握机遇，充分发挥索伦河谷的地缘优势，重新打造适合自身经营发展的战略品牌，在小麦、大豆种植和深加工上做文章。以现代化加工、精细化管理手段从小麦、大豆种植基地，到加工成品、质量监测、包装运输等环节环环紧扣，把“索伦河谷”系列精品面粉打造成品牌，直接送到百姓的餐桌上。正因为如此，当“索伦河谷”系列面粉一出场，便在全盟各旗县打开了销路，专营店品牌面粉和食品深受百姓欢迎，全国各地也争相认购，品牌效应初现成果。“吃了几十年馒头，最想吃的还是咬一口暄腾腾、嚼一嚼甜滋滋、原汁原味的老味道。”饭桌上老战友们不约而同地说。这不仅仅是对那个纯真年代的回忆，更是对无添加、无环境污染、纯净、自然麦香的原汁原味的敬畏和赞叹！

“大炖豆腐上桌喽。”我看着冒着热气的鲜嫩白软的炖豆腐和金黄色的凉拌腐竹、炒豆皮，垂涎欲滴，食欲大增。眼前的一切怎么也不能和几十年前那个设施简陋的豆腐作坊联系到一起。索伦牧场依托万亩大豆原粮基地，引进现代化生产线，采用先进的生产设备和管理措施，硬是把东北人的家常豆腐做出了包括豆腐、腐竹、豆皮、豆干等在内的，含有多种营养成分和丰富的矿物质、维生素的多品种“豆尚索伦”系列大品牌！

索伦牧场，具有“红色基因”的农垦人，传承着老一辈军马战士屯垦戍边的光荣传统，践行着新时期继往开来的光荣使命，不改初心，以永无止境的创新精神在索伦河谷这片最肥沃的黑土地上，用最先进的科技成果种出最优质的粮食，做出最受百姓欢迎的放心食品。

索伦河谷既是兴安农垦人传承红色基因的精神起点，更是水碧山青的休闲旅游胜地。九曲哈干河，昂首将军石，蜿蜒金界壕，云雾鸡冠山，每一处都值得留恋。亲历过，才知道农垦人在改革创新路上坚实的脚步，品尝过，才知道索伦河谷麦香豆尚那纯纯的浓香。

来索伦河谷，看千顷麦浪，闻万亩豆香，游青山绿水，品自然食粮。把思恋揉进麦香，揉进豆黄，在日新月异的变化中续写我的思恋，倾诉我的衷肠！

索伦河谷，我永远的思恋！

不忘初心 臻于至善

——海南橡胶“好舒福”乳胶寝具品牌故事

海南橡胶爱德福乳胶制品有限公司 韩颖杰

一个企业的长盛，离不开创业者的筚路蓝缕和守业者的不忘初心，一个品牌的成长，离不开经营者若水铭心，臻于至善的不懈追求。海南橡胶“好舒福”乳胶寝具就是在海南农垦68年天然橡胶产业积累的发展的基础上，把优质天然乳胶和健康生活理念融合起来推向市场，着力培育和打造海南名片、国家品牌。

筚路蓝缕 以启山林

走进海南农垦历史博物馆，一幕幕历史镜头和物件留下了几代人艰苦屯边、开荒育林、发展经济的记忆。海南农垦创建于1952年1月，是在计划经济体制下形成的，具有明显企业特征，同时又承担着社会和民生职责。半个多世纪以来，在中央和地方政府的大力支持下，经过广大农垦干部职工的艰苦奋斗，不仅完成了屯垦戍边的光荣历史使命，也建成了我国最大的天然橡胶生产基地，带动和辐射了周边农村的经济和社会发展，为开发建设海南和维护社会稳定做出了重要贡献。尽管新一轮农垦改革在不断推进，但历史从未忘记各行各业来支援建设海南农垦那段激情燃烧的岁月。

不忘初心 牢记使命

十一届三中全会以来，特别是海南建省办经济特区以后，海南农垦迈开了改革的步伐，2005年3月，组建了海南天然橡胶产业集团股份有限公司，开启了现代企业发展之路。2011年1月7日，海南橡胶成功在上海证券交易所挂牌上市，正式走向资本市场，逐步发展成为以天然橡胶种植和加工为基础，集初加工、精深加工、国际贸易、科技研发于一体的天然橡胶领域的佼佼者，也成为在中国天然橡胶市场有话语权、在国际天然橡胶市场有影响力的优秀上市企业。

15年来，海胶人始终秉持着“艰苦奋斗、开拓进取”的农垦精神，坚守“报效国家、服务社会”的初心，规范发展，稳健经营。2017年12月，海南橡胶新一届团队履职，经过海南橡胶党委和管理团队的积极探索，科学筹划，提出了“内稳外拓，精农强工，科技支撑，金融保障”十六字发展方针，勾画了海南橡胶新一轮改革发展的路线图。在“精农强工”聚焦橡胶主业发展上，从橡胶品系选育、扩行定植、林间抚管、胶乳采集到前端初加工，再到爱德福工厂加工成乳胶寝具，每一个环节都传承了农垦68年的植胶和制胶经验，每一个过程在结合现代工艺的同时都赋予产品回归自然的理念和农垦人牢记使命的初心。

正德厚生　臻于至善

“一个家，一张床，家给您温暖，床给您健康。”海南橡胶着力打造的“好舒福”乳胶寝具品牌，从回归自然、关注健康出发，用绿色、环保、安全、舒适的理念和匠心精神打造乳胶寝具，把优质天然乳胶寝具和健康生活理念推向更多需求市场之中，这就是对“好舒福”品牌正德厚生的最好诠释。

近年来，天然橡胶产品在国计民生中的应用越来越广泛，为了让海南橡胶的乳胶产品普惠千家万户，海南橡胶精心打造“好舒福”天然乳胶寝具品牌，以自身68年的海南农垦文化精神传承为载体，实现了从自营胶园橡胶定植、初加工到形成产品、走向市场的最完整产业供应链，实现了从品牌形象重塑到产品创新定位再到个性化订制的全方位新突破，开创了中国最大农业上市公司进军天然乳胶寝具行业的先河，也是行业目前唯一的国企品牌。

在产品研发和技术创新方面，“好舒福”寝具始终秉承万物源于自然，回归自然的理念，致力于打造绿色、环保、健康、安全、舒适的寝具，根据床垫需要的透气性、弹性、耐疲劳性、微生物抗菌性、脊椎平衡和肌体压迫程度，睡眠中的发热量和散热效果等不同要求，合理应用床垫填充材料，既保留了产品天然乳胶特性，又体现了产品良好的性能。目前，“好舒福”乳胶寝具拥有5项专利技术，从注入乳胶到制造一张乳胶海绵床垫，实现了一次自动化成型，品质、工艺已超越法国著名的SAPSA乳胶公司。近几年，企业不断提升软硬件实力，在企业制度、生产管理上与国际接轨，先后通过最严苛的德国TFI抗老化测试、欧洲TVOC化学性能认证、SGS物理性能测试，以优秀品质打进了国际高端市场，并成为宜家亚太地区乳胶制品唯一供应商，喜临门、梦乡、美神等国内名牌家具企业竞相采购“好舒福”的乳胶床垫和枕头并常年合作。除了国内市场，东南亚、北美洲、欧洲、非洲地区都留下了“好舒福”的品牌印记。

2020年5月30日，著名演员左小青正式担任海南橡胶“好舒福”天然乳胶寝具品牌形象大使，为品牌未来的发展注入全新灵感与无限活力，进一步提升了“好舒福”的市场影响力。海南橡胶“好舒福”乳胶寝具也将以此次合作为基点，精益求精，以专业赢市场，用品质换口碑，把优质天然乳胶寝具和健康生活理念推向更多需求市场之中，全力打造海南名片、国家品牌，做中国好乳胶。

“雄关漫道真如铁，而今迈步从头越。”68年来，海南农垦承载着我国天然橡胶生产的使命，在天然橡胶产业发展的道路上勇于革新、锐意进取。当前，海南橡胶以海南自由贸易区（港）建设为契机，力争在海南自贸区（港）建设和新一轮农垦改革中成为排头兵，新标杆，不忘初心，着力培育好“好舒福”海南名片以迎接新的历史起点；臻于至善，匠心打造好“好舒福”国家品牌，书写新的时代答卷！

“灵芝仙草”不再是一个美丽的传说

黑龙江省北兴农场 黄晓丽 祝嗣友

2019年10月，我参加了坤健农业股份有限公司和黑土名家微信公众号联合举办的“坤健灵芝杯”网络征文。不久后，收到举办方寄来的奖品——青瓷罐装的灵芝孢子粉。古朴的包装、考究的设计，让人看着甚是喜欢。曾在神话传说中听过灵芝传奇故事的我，顿时对它产生了浓厚的兴趣。

带着疑问，在网上查询后得知，我国自古便有“药食同源，食疗为先”的说法，而珍贵的灵芝则具有食、药两用的价值。在“坤健灵芝杯”获奖微信群，我有幸结识坤健农业负责征文联络的祝嗣友老师，通过沟通交流，我了解到更多关于坤健品牌和坤健人艰苦创业的故事……

2016年，大学毕业在外打拼多年的祝嗣臣，义无反顾开启了返乡创业的征程。“没有全民健康，就没有全面小康。”时下，越来越多的人将健康生活放到了首要位置。经过一番考察调研，祝嗣臣把目光投向健康产业——培育种植寒地灵芝。最初，他的想法很简单，就是如何为家乡的父老乡亲送去健康，让更多人能吃得起灵芝……他找到省农科院专家，咨询寒地大棚种植灵芝的相关事宜，老教授告诉他：“温差和环境差别姑且不谈，我省大棚种植灵芝还没有先例，跨地区大规模种植存在一定风险，这事要慎重，急不得……”

一句话点醒梦中人，祝嗣臣深知种植灵芝，技术是关键，只要成为行家里手，就一定能解决眼下的难题。他二话不说一头扎进图书馆，闷头查资料，专心研读种植技术。纸上得来终觉浅，绝知此事要躬行。祝嗣臣兄弟几人驱车6万公里，跑遍全国各地灵芝生产企业。为取“真经”翻山越岭进山学艺，每天一脚泥一身土，闷在大棚里一干就是大半年，真正将灵芝种植技术学到了家。

万事俱备，只欠东风。2017年春，经过一番筹划，坤健农业股份有限公司正式挂牌成立。基地建在黑龙江省农垦总局齐齐哈尔分局富裕牧场。“天行健，君子以自强不息；地势坤，君子以厚德载物。”这便是“坤健”品牌的由来。

梦想与现实总是会存在差距。那一年，东北地区遭遇几十年来最严重的低温天气。进入5月却依然冷得让人发抖，而此时，正是灵芝需要温度拱土的关键期。祝嗣臣和兄弟们不分昼夜，轮流守在棚里随时检测温度，进行人工调控。此时此刻，看着脚下的黑土地，到底能不能顺利长出灵芝，谁的心里都没底。持续的低温后，龙江大地终于迎来了久违的艳阳天。这天，管理员兴奋地跑回宿舍大喊：“快去看，咱的神仙草长出来了！”看着雨后春笋一般钻出地面的幼芽，兄弟几个又蹦又跳，抱在一起喜极而泣。还没来得及松口气，严峻的考验接踵而至。刚熬过低温天气，夏季高温便如期而至。连续七天，富裕地区最高温度已达到35℃，大棚内温度超过50℃。这意味着辛苦种出的灵芝，有可能在一夜之间烤成干，所有的努力都将化为泡影。兄弟几个忍受着高温炙烤，窝在大棚里观测、通风、调控，一时间仿佛热锅上的蚂蚁，急得团团转，心里的火比棚内的温度还要高。焦灼等待过后，神仙草再次创造奇迹，零损失成功渡过此劫。

一分耕耘一分收获，经历了春寒及盛夏高温考验的坤健灵芝，终于到了收粉的最佳时期。此时，种植基地迎来了尊贵的客人——福建、大兴安岭灵芝种植专家。经过一番细致考察，几位专家连连点头，竖起大拇指称赞道：“坤健寒地灵芝，个个都是最好的原种。”看着大棚里茁壮成长的灵芝，祝嗣臣知道，让更多人享用神仙草的梦想指日可待。

2017年7月，坤健人带着自己培育的寒地灵芝和灵芝孢子粉参加了齐齐哈尔第17届绿博会、黑龙江省绿博会、苏州首届全国农业新技术农民创业创新博览会等一系列品牌推广会。推广会上，如伞一般大的灵芝吸引了众多人的关注。齐齐哈尔市委书记孙珅明确指出，“大力发展和推广灵芝种植，让农业增效，农民增收，全民增寿……”通过品牌推广宣传，全国知名药厂纷纷上门订购，北大荒日报、齐齐哈尔日报、黑龙江日报、农民日报、《求实》等媒体争相报道。一时间，坤健寒地灵芝名声大噪。

有了政府支持，坤健人信心百倍撸起袖子加油干。他们发挥地域优势，建立企业立体化商业模式，开启营销三步走策略，抢占先机占领市场。第一步严把质量关，与国内知名药业合作，拓宽销售渠道。第二步拓展视野，走出国门，面向国际市场。产品先后出口日本、韩国、俄罗斯。第三步线上线下建立直营店，医药代理商以及网上直销。以“公司+贫困户+合作社+基地+销售+电商”的崭新模式，先后带动周边158户贫困户学习灵芝种植技术，走上脱贫致富之路。

坤健大棚基地

2019年，坤健已在富裕牧场、洪河农场、前哨农场及周边县市建成36个种植基地，4个种植合作社，3个子公司，千栋大棚，有员工120余人。坤健与哈尔滨工业大学生命工程系合作组建研发团队，从单一种植过渡到稀有品种研发。将保健品研发拓展到食用、饮品、药品、抗衰美容、景观盆景五大系列，种植赤灵芝、鹿角灵芝、松杉灵芝、藏灵芝、紫灵芝等品种。如今，坤健寒地灵芝孢子粉年产量达31.5吨，灵芝实体年产量234吨，年生产总值达到2 534万元。

中央广播电视总台农业农村频道《致富经》栏目组采访

同年，坤健品牌被中国企业产品质量监督中心、中国产品质量信誉协会授予“中国著名品牌”，坤健农业被授予“中国诚信经营企业”称号，同时，种植基地获得了有机认证，成为“中国富硒食品基地”。紧接着，好消息接踵而至，《寒地灵芝种植及深加工项目》入围国家总决赛。坤健农业成立至今，连续3年产品有效成分检测荣登全国榜首。2020年8月，中央广播电视总台CCTV-17农业农村频道《致富经》栏目组来到富裕，对坤健品牌进行实地采访和专题拍摄，不久后，在央视农业农村频道，会有更多人欣赏到坤健品牌的风采。在采访中，祝嗣臣满怀感慨地说：“我终于兑现了当初的承诺，让家乡父老吃上了神仙草，让乡亲们一起发家致富奔小康，再多的辛苦付出也值了！”

修合无人见，存心有天知。在神话传说《白蛇传》中，白娘子救许仙盗取灵芝的故事只是一个久远的传说，而今的坤健，带给龙江老百姓的却是实实在在的健康攻略。这是农垦人不断努力，探索创新的结果。坤健寒地灵芝已成为富裕的新名片，“坤健人”将健康送至农垦百姓家，今天，灵芝仙草，已不再是一个美丽的传说……

一颗“黄金果”开启财富密码

——碧根果与庐山综合垦殖场的不解情缘

江西省九江市庐山综合垦殖场　原江西省农垦事业管理办公室
刘璐　姚光胜

谈起碧根果，常人字随声发：洋果。因为“碧根果”是美国土著阿冈昆人的词汇，意思是“用石头才能砸碎的坚果”，学名薄壳山核桃，原产于北美，英文名为pecan，在中国被音译为碧根果。中国山核桃与碧根果同科同属不同组，中国山核桃为裸芽山核桃组。碧根果属高大落叶乔木，因其果实呈椭圆形，有时候又被称为长山核桃，市场上也称之为美国山核桃。

品鉴碧根果，常人言由心生：珍品。因为碧根果核硬、个大、仁饱满、味香、油而不腻，营养成分丰富，老少皆可常食。改革开放以来，随着民众生活水平提高，这种“洋果珍品”走进了千千万万中国家庭，成为大家茶余饭后、熬夜追剧必不可少的小零食。

不识庐山真面目，只缘身在此山中

谁曾想到，碧根果这样一个“舶来品”，早在半个世纪前就与庐山农垦结下了不解之缘。

这份情缘是庐山农垦老前辈们结下的，凝聚了祁文淑、陈鑫林等前辈的远见卓识与农垦情怀。

祁文淑，女，生于1923年，原籍上海市，中华人民共和国成立初期在武汉风景名胜管理区工作，1955年调到庐山花径工作，1956年4月下放到海会办园艺场试验站。祁文淑在园艺场工作了25年，一直担任园艺场技术指导。1964年前后，时任庐山农垦园艺场业务技术指导的祁文淑、陈鑫林从新疆引进碧根果树苗，作为行道树栽种场内公路两旁，上至老鸡场，下至筲箕洼。行道树划归场属各生产队代管，各生产队没有人识得这个“洋玩意”，大家只当是个普通树木栽种道路两旁，并没有在意过这是棵什么树，更不知晓它原来还会挂果。

碧根果树

这样一来，碧根果树就静静落户于庐山农垦，一年、两年、三年……直到七八年后开花结果。嬉笑打闹的孩子路过树下总喜欢够着枝丫摘下几个青皮果子，新鲜的碧根果身披着一层绿袍，硬邦邦的，上面还有4条凸起的纵棱，这是它们颇为低调的外果皮。什么，你想尝一口试试味道？果皮中富含单宁，它们的涩味会让你永生难忘。另外，如果你徒手扒开这果皮，手就会被果皮中的醌类和单宁类物质染成难以洗掉的黑色。但人们也架不住它美味的诱惑，随手捡来一块石头，就地敲碎，美滋滋地吃着里面香脆的果肉。园艺场上至老人，下至孩童，没有人没吃过这个“特殊”的美食，但是谁也不知道具体叫个什么，只知道这东西能吃，而且还挺好吃。

这些能长果子的树，后来一段时期却无人管理，果子成熟后也无人统一收拾。到20世纪70年代末，碧根果树死的死、砍的砍，已逐步被白杨树取而代之。时至今日，顽强存活下来的碧根果老树仅剩下25棵。

老树结新“果”

也许是庐山农垦和碧根果的缘分未尽，2019年9月，庐山垦殖场退休职工席有财的外甥王元得知庐山场竟有近60年树龄的碧根果老树，立刻告知其好友——马鞍山汤臣有限公司负责人汤根金。在安徽马鞍山种植1万余亩碧根果基地的汤根金得此消息，既激动又担心。他激动的是江西农垦境内竟有树龄近60年的碧根果老树，那如果成功研究老树生长，对于他的种植基地无疑是如虎添翼；他又担心那只是好友道听途说，回头空欢喜一场。汤根金就这样怀着半信半疑的心踏上了开往九江的火车……

来到九江，考虑到情况还未摸清楚，汤根金在王元的陪同下私下来到园艺场查看。当他亲眼目睹在园艺场进场公路两边像卫兵一样“站岗”的老碧根果树后，连忙让好友帮忙联系，想要买下园艺场的碧根果老树。考虑到了碧根果树在园艺场栽种了近60年，轻易挪动会损伤老树，老树对园艺场的发展历史也具有见证意义，于是园艺场场长化万春毅然拒绝了，并将这件事向庐山垦殖场场长胡勇汇报。胡场长敏锐觉察到这也许是个难得的商机。

2019年11月，胡勇带着化万春亲赴安徽马鞍山汤臣有限公司碧根果生产基地考察，双方经过多次协商，确定庐山垦殖场的碧根果老树原地不动，由汤臣公司向庐山垦殖场提供碧根果苗木与技术，在庐山农垦园艺场就地建立碧根果生产基地。

2020年4月，庐山农垦与汤臣公司达成合作协议，双方共同出资400万元成立“庐山农垦汤臣农业发展有限公司”。项目主体建设规划1 000亩，地点位于庐山农垦园艺场内，含碧根果良种繁育基地150亩（其中：温室大棚50亩，良种苗圃基地100亩）、碧根果种质资源圃100亩、碧根果高产示范种植基地750亩（其中2020年种植200亩，2021年计划种植300亩，2022年计划种植250亩）。

一颗“黄金果”开启财富密码

碧根果含有丰富的脂肪、糖类、蛋白质、多种维生素和矿物质，是健康类休闲食品的典型代表。碧根果油是一种健康油脂，其不饱和脂肪含量为

90%以上，质量高于橄榄油。检测发现，碧根果油天然维生素E含量是所有油脂中含量最高的，天然“血管清道夫”——角鲨烯和植物甾醇的含量也比普通食品高出很多，是一种健康的“黄金油”。

庐山农垦的碧根果是典型的果、油、材、景四用经济树种。碧根果是高大乔木，嫁接3年挂果，5年量产，亩产120～200公斤。近年碧根果进口到岸价格一直稳定在每公斤45元以上，是普通核桃的4～6倍。碧根果果仁含油率约70%，相当于盛产期每亩可产出优质食用油70公斤以上。碧根果树质地非常坚硬，抗压耐磨，是高级木材，进口价格基本在5 000元/立方米，主要用于制造高档家具以及部分体育、军工器材。同时，碧根果树形优美，是非常合适的行道绿化树种。

庐山农垦碧根果项目具有进口替代、综合开发利用价值高、适种范围广、一年种多年收、丰产稳产等特点，是带领职工群众脱贫致富、促进农业结构转型的优势项目。庐山农垦汤臣农业发展有限公司致力于将碧根果的开发研究，果实除了直接作为干果销售、榨油之外，还加强碧根果的深加工从而提高产品的附加值。比如：利用饼粕开发出一系列功能性高端营养食品、保健品、化妆品、日化用品，包括碧根果蛋白饮料、果仁糖、派、减肥饼干、膳食纤维含片、雄花茶等一系列功能型产品，满足不同层次消费群体的多元化需要。而碧根果壳质地坚硬，生产出来的山核桃壳粉具有极强的抗压耐磨性能，可广泛用于金属、玻璃、石头、电子元器件及珠宝的表面清洗及抛光处理；由于其亲油性，亦可用于洁面乳、沐浴露等化妆品的生产，天然去角质，同时，也是石油矿井良好的堵漏剂，以及石油生产、污水处理的优质滤料。

雄关漫道真如铁，而今迈步从头越。一颗“黄金果”开启财富密码，也映衬出庐山农垦人“兴垦富民、再创辉煌”的初心与使命。小小一颗果实，满载农垦人的发展梦想与希望，必将在赣鄱大地上生根发芽，续写碧根果与庐山农垦的不解之缘……

黑龙江畔的一抹红

——“界江红”牌红小豆的品牌故事

北大荒农业股份有限公司二九〇分公司 郭阳

中国人腊月初八有喝“腊八粥”的习俗。上一个腊月初八的傍晚，远在重庆工作的表弟发了一条朋友圈，文字是这样的：“家乡的味道很纯粹也很暖心，品尝一口是游子浓浓的乡愁。”下面的配图是超市售货架上的一排红小豆。只见红小豆的外包装上，两条蓝绿色圆弧形环绕的“界江红”三个字格外醒目。这个品牌商标中，黑色的“界江”二字寓意着它源于“大国粮仓”的根基，鲜艳的“红”字正诉说着它红色的风土人情，蓝色圆弧象征着黑龙江，绿色圆弧象征着松花江；两条江水环绕，泛着粼粼波光，仿佛让人们，穿越时空去追寻这品牌背后的故事。

走进北大荒股份二九〇分公司龙门通管理区，在距离黑龙江与松花江汇流之处西南岸不到3公里的地方时，一片郁郁葱葱的江滩地会映入眼帘，它便是二九〇分公司“界江红”红小豆种植基地。这里是中纬度地带，属大陆性寒温带气候，年平均温度在1.6℃，土壤以棕色森林土、草甸土和白浆土类为主，非常适宜红小豆种植。

历史积淀的文化“红”

在二九〇分公司这块边陲之地上，也遍布着红色之光与古代文明。

时光回溯至1955年5月，中国人民解放军农建二师五团（原九十七师二九〇团）1 766名转业官兵从富锦县出发跨过松花江，最后走到黑龙江南岸一个荒坡的高地上时，团长娄锡钧指着在地上展开的地图说：黑、松两江在此交汇，这里有平原593平方公里、洼地182平方公里，连成片荒原下的黑土地最适合大规模机耕作业，我们就在这里安营扎寨，这里就是我们垦荒战士的家了!

转眼间来到了1973年，黑龙江省博物馆考古部派人进行田野调查，当来到黑龙江南岸的黑龙江生产建设兵团八团五营（今为二九〇分公司龙门通管理区）时，居然在东砖厂菜地的排水沟内发现了古代人类的遗迹! 这是一个古居址，长150米，宽50米，总面积7 500平方米。很快，考古队又在龙门通管理区52作业站发现了辽金时期的遗址和遗物，曾经的大片湿地和草原，平添了些古老与神秘的色彩。

在两江水韵之间，四百年前的女真完颜部落曾导演出一幕克服困难强势崛起的大剧。如今，历经三代二九〇人艰苦奋斗，在界江畔铸就了“团结、务实、奋进、奉献”的二九〇精神，现代化大农业的图景正在这片荒原上铺开，人民的小康梦想正在这片土地上实现。

抗旱耐涝的顽强“红”

处于两江交汇地带的二九〇分公司龙门通管理区，土壤含沙量较大，且受到江边冷湿空气的影响，气温偏低，土壤解冻期长，长期以来只能种植大豆、玉米等旱田作物。而这里独特的地理位置又使其频频遭受洪水冲击，其中最严重的当属1998年和2013年的特大洪涝灾害。

1998年春夏，龙门通管理区的玉米、大豆长势盎然，可是到了秋天，由于雨水大产生内涝，而玉米、大豆品种极度不耐涝，导致秋收产量直线下降，给职工造成了极大的损失。管理区领导和职工开始探索，哪种作物能适应龙门通的地理气候条件？2005年，他们在一次外出考察中，接触到了耐低温且抗涝的新型特色杂豆品种，觉得特别适合龙门通的环境特点，于是便引种了1 800亩红小豆、芸豆等杂豆品种进行试验，两年的小面积种植试验取得成功，所生产的产品被辽宁粮食进出口公司订购一空。

为了扩大经营规模，统一农产品品质，2008年，在二九〇分公司的支持下，龙门通管理区职工祁跃青牵头成立了普惠豆类专业合作社，带领职工规模化种植红小豆。合作社积极借鉴企业管理运行机制，每个生产作业组都制定了详细的生产计划，编制出科学的生产流程图，使每一个生产环节都一目了然。合作社逐渐形成了统一购种、统一购肥、统一标准、统一销售的“四统一”生产经营模式，2019年，合作社通过职工土地入股、承租本作业站土地、外出租赁土地等方式，种植红小豆3万亩，效益达到1 200万元，是种植玉米、大豆的2～3倍。

独特的地理位置意味着什么？二九〇分公司是黑龙江垦区堤防里程最长的单位，两江堤防总长度达到78.8公里，战线长、任务重、险工弱段多，给防汛工作增添了很大难度。红小豆耐寒抗涝的特性还经历了2013年百年一遇的特大洪涝灾害的考验。2013年6月入汛以来，受上游持续强降雨和俄罗斯结雅水库多次泄洪的影响，黑龙江、松花江水位持续上涨，同时超历史最高水位，两江汇流，造成高水位运行接近100天。低温及洪涝对玉米等农作物造成了严重影响，可龙门通管理区种植的红小豆却并未因此而减产减收。

走南闯北的销售“红”

2002年3月29日，北大荒农业股份有限公司在上海证券交易所正式上市（股票代码为600598），以此为起点，作为北大荒农业股份16家分公司之一，二九〇分公司市场化、现代化进程进一步提速。

2003年10月14日，二九〇分公司注册了红小豆“界江红”品牌商标。“界江红”红小豆营养成分高，每百克蛋白质含量不低于20克，并且有利水消肿、解毒疗疮的作用，是上好的食补食疗佳品。近些年来，“界江红”红小豆先后通过了欧盟有机食品认证、国家绿色食品认证、国家地理标志农产品认证、全国名特新优农产品等多项绿色有机认证，被评为黑龙江省消费者最喜爱的绿色食品。

界江红牌红小豆现如今已遍布全国30余个省市地区，通过与辽宁、江西等省多家企业建立良好的供求关系，“界江红”红小豆的销售触角不断延伸。2020年11月，二九〇分公司在第十八届中国国际农产品交易会上与重庆市粮食集团巴南区粮食有限公司签订50吨红小豆意向合作协议，顺利打开西南销售市场。相信不久的将来，界江红会逐渐“红”遍国内外市场。

黑龙江省二九〇农场风光

莫河驼场——中华人民共和国第一个国营驼场

青海省莫河骆驼场　张存虎

红旗打进拉萨

1951年8月，西藏刚刚和平解放不久，一支神秘的部队沿着黄河源方向蹒跚前行，队员和马匹不时陷进沼泽，在队员们悲痛的注视下，挣扎着，淤泥吞没了腰际，接着吞没了脖子，直到彻底沉入沼泽……

这支部队就是服从中央军委命令，以范明为司令员、慕生忠为政委的青海进藏解放军——独立支队。独立支队进藏，当时组织了强大的后勤保障队伍，两万多头牲畜、三四千名战士和驼工组成浩浩荡荡的队伍，历经千辛万苦，12月中旬到达拉萨。这次进藏行程近2 000公里，用了近四个月时间，总共运粮400万斤，数百名队员牺牲在进藏途中，每前行500米就有一头牲畜倒下。随独立支队进藏的西北西藏工委一千多名干部，迅速完善了西藏工委党组织，巩固了党对西藏的领导地位。同时，也顺利完成了中央委托的探路任务，为后期护送十世班禅返藏和修建青藏公路提供了珍贵的第一手资料。

这是莫河驼场的老驼工们拉着骆驼第一次随军进藏运输粮秣军需物资。

护送班禅返藏

1949年10月1日，十世班禅额尔德尼在青海香日德向党中央致电："今后人民之康乐可期，国家之复兴有望。西藏解放，指日可待。"1951

年 4月27 日，毛泽东主席在天安门城楼会见了十世班禅，希望他为和平解放西藏作出贡献。《中央人民政府和西藏地方政府关于和平解放西藏办法的协议》中明确提出："班禅额尔德尼的固有地位及职权，应予维持。"西藏噶厦政府也表示欢迎十世班禅返回西藏，因此，中央决定护送十世班禅返藏。

1951年12月18日，时任中共中央西北局书记的习仲勋代表毛泽东主席和中央人民政府，在西宁为十世班禅返藏举办了盛大的欢送仪式。12月19日，十世班禅及随行人员由西宁启程前往香日德。经请示中共中央、中央西北局、西藏工委同意，于1952年1月中旬在西北西藏工委驼运总队的护送下，十世班禅启程前往西藏，历时4 个多月，行程1 502公里，于4月28日抵达拉萨。这次护送班禅进藏的三万余峰骆驼，又有超过百分之九十倒在了进藏途中。

十世班禅返回西藏后，担任当地政教领袖之职，主持后藏地方行政事务，其固有地位和职权问题得以解决，是中央政府实现西藏和平解放的重要一步。

这是历史上第一次以莫河驼场的老驼工们及其骆驼为主要力量完成的一项重大政治任务。

紧急运粮援藏

1953年3月，由西北军政委员会授命，正式组建西藏运输总队，总部设在香日德。又从甘肃、宁夏等地紧急收购骆驼28 000余峰，招募数千名驼工，负责向西藏运送粮食物资。1953年11月13日，运输队陆续向西藏进发，用牺牲数十名驼工、26 000余峰骆驼的惨烈代价，仅仅用了54天时间就将第一批近100万斤粮食突击运抵西藏，随后1954年初，再次组织7 000余峰骆驼二度运粮进藏。

据史料记载，西藏运输总队运粮援藏期间，平均每运进西藏5袋面粉就有1峰骆驼死亡；驼工每向前走500米，身后就要倒下七八峰骆驼。紧急运粮援藏，缓解了驻藏部队粮食紧缺的局面，稳定了西藏局势，粉碎了藏独势力的痴心妄想。

这是历史上以莫河驼场的老驼工们及其骆驼为主要力量完成的第二项重

大政治任务。

修筑青藏公路

莫河驼场老驼工们三次进藏，全中国仅有的八万峰壮驼就有七万余峰倒在了进藏途中，驼骨比比皆是，触目惊心。

由于运粮进藏路途艰辛、驼队运力有限，修建一条公路，已经刻不容缓。1953年11月中旬，西藏运输总队从兰州订制了两辆胶轮大车，由副政委任启明带队，从香日德出发，历时70天，于1954年1月23日抵达藏北重镇——黑河（今那曲），完成修筑青藏公路前期线路勘查任务。

1954年2月，主持中央军委日常工作的彭德怀向周恩来总理递交了修建青藏公路的报告，获得了周恩来总理、邓小平副总理的批复。

1954年5月11日，在慕生忠政委的动员下，刚刚完成运粮援藏任务的西藏运输总队的1 200名驼工，又开始了在世界屋脊修筑公路的工程，经过7个月零4天的艰苦奋战，于1954年12月15日胜利贯通了1 200余公里的青藏公路（格尔木至拉萨段）。12月25日，在拉萨布达拉宫广场隆重举办了“青藏公路和康藏公路通车典礼”。

青藏公路的贯通，打破了西藏不通公路的历史，架起了祖国内地与西藏的桥梁，促进了西藏人民和其他地区人民的大融合，使西藏从奴隶社会直接跨越到社会主义社会，为西藏经济快速发展和社会稳定及边防巩固做出了巨大贡献。

这是历史上以莫河驼场的老驼工们为主要力量完成的第三项重大政治任务。

保障盆地开发

1955年初，第六次全国石油勘探会议将柴达木盆地确定为勘探重点。1955年2月24日，中央批示撤销西藏运输总队，转制为国营青海省柴达木骆驼场，场部先从香日德转至大柴旦，后迁至莫河，职能从“往西藏运输物资”转变成“为柴达木盆地勘探队提供后勤保障、随军剿匪、建设农业基地”。

勘探工作从1955年一直持续到1959年基本结束，柴达木盆地作为一个隐形“大富豪”的神秘面纱终于被揭开，“柴达木聚宝盆”的叫法才真正开始。大量驼工和勘探人员一道，北上祁连山，南抵昆仑，西至阿尔金山，走戈壁，闯碱滩，跨深沟，翻沙丘，跃冰河，用自己的双脚一步一步丈量着柴达木盆地这块神秘之地，锤炼出了“一心向党，坚韧执着，团结担当，开拓进取”的驼工精神。在驼工强有力的支援下，勘探人员顺利完成了地质勘探评价，向祖国交出了矿产资源最终报告，为柴达木盆地大规模开发建设立下了汗马功劳。1958年至1960年，驼场又积极贯彻青海省委“以开荒为纲”方针，大量招工增人，职工人数达到3 405人，开荒91 824亩，耕地达到10.48万亩。

小结

莫河驼场第一代驼工们运粮援藏、护送班禅返藏，天当被，地当床，谱写了和平解放西藏的悲壮与震撼；修筑进藏的第一条公路，被誉为西藏的生命线——青藏公路，不屈不挠，成就了世界屋脊上的传奇与辉煌；地质勘探、随军剿匪、拓荒种地，不畏艰辛，点燃了开发建设柴达木盆地的豪迈和激情。

莫河驼场作为中华人民共和国第一个大型国营骆驼场，已然成为青海省开展红色教育、爱国主义教育、革命传统教育和践行社会主义核心价值观的生动课堂。作为青藏高原上的红色基因库，“驼工精神”成为建设新青海的强大动力，激励着我们走向未来。在新时代，“新莫河人”将在习近平新时代中国特色社会主义思想指引下，继续弘扬“驼工精神”，积极推进国家农村产业融合发展示范园建设，用心打造“莫河驼场”金字招牌，坚守农牧业产品“有机、原味、纯净、天然”品质，体现国企担当。

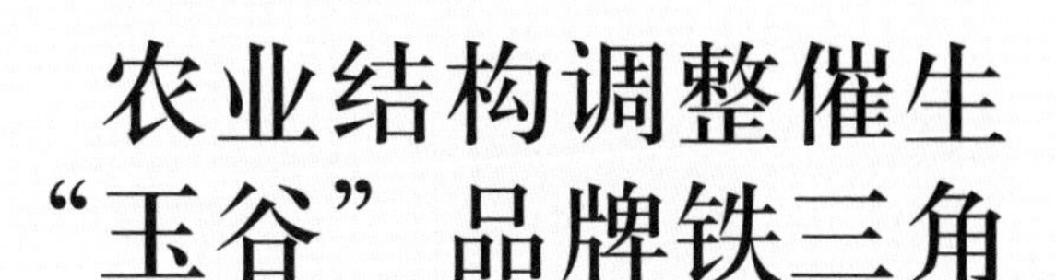

农业结构调整催生“玉谷”品牌铁三角

江苏省新曹农场有限公司　冷永明

玉谷菜籽油，玉谷西瓜和玉谷草鸡，构成了“玉谷”品牌的铁三角。

“玉谷”商标是新曹农场粮、油、瓜、禽、蛋等农产品的统一视觉标识，主体为“玉谷”拼音首字母和汉字的艺术化组合，简洁别致，寓意明晰。只见两只绿色玉米棒相交呈Y型，黑色圆圈G将其囊括其中，G的开口处嵌入红色“玉谷”二字，给人浓浓的生态感，辨识度很高，让人过目不忘。

“玉谷”品牌见证了新曹人穷则思变的改革历程，是农场农业产业结构调整的生动注脚。

减棉扩香，无心插柳创立玉谷菜籽油

江苏农垦新曹农场是在盐碱荒滩上开垦出来的。建场初期土壤盐碱化严重，“大雨一下水茫茫，太阳一晒冒盐霜”，适宜生长的农作物非常少，只有棉花、大麦能够勉强存活，因此棉花成了当时农场的主栽作物。棉花虽然耐盐碱，但长期种植易发生枯萎病和黄萎病，造成产量骤减甚至绝收。

一个偶然的机会，农场农业科试验引进了少量香料薄荷，经过几年的试种，证实薄荷适合农场的土壤和气候。产量稳定，亩产值高于棉花。于是农场开始大力推动“减棉扩香”。据场志记载，1980年全场种植棉花3万亩，引种薄荷0.84万亩。到1990年棉花生产减少到0.48万亩，薄荷扩大到3.76万亩。

在生产实践中，新曹人探索出薄荷田里套种油菜的模式，使油菜面积随着薄荷田的面积而迅速扩大。20世纪80年代中期，随着油菜籽产量增加，农场粮棉油加工厂便转变经营方向，开始收储加工油菜籽，推出玉谷牌菜籽油。玉谷牌菜籽油具有“高油酸、低芥酸”的特点，色泽透亮、味道浓香、营养丰富，深受人们喜爱，彻底结束了新曹人世代吃棉籽油的历史。

今天，玉谷牌菜籽油早已走出农场，广销大江南北，成为消费者记住乡愁的地道原香。

千亩大棚西瓜

旱地改水田，厚积薄发叫响玉谷西瓜

20世纪90年代中后期，新曹的工业发展步入低谷，工业职工回流农业。为进一步提升土地的生产能力，农场在总结过去打井洗盐、抽河水洗盐经验的基础上，大力推进旱改水工程。自2001年开始，平均每年投入2 000万元，平整土地，兴修水利，建设田间道路。经过20年努力，终于把近10万亩耕地全部打造成“田成方、林成网、渠相通、路相连、旱能灌、涝能排”的高产稳产田。

打得好基础，筑起万丈楼。大棚西瓜是东台市三仓镇的特色产业，自从农场的旱改水工程有了成效后，农场职工也纷纷开始效仿三仓镇发展西瓜种植。大棚西瓜的亩产值是其他农作物的三倍多，但对土地的要求也更苛刻，不能连茬，需要四五年的间隔期，否则易生病害。为了使农场的瓜田资源可持续，农场每年统一规划、连片发包，西瓜种植面积控制在1.5万亩左右，严格保证轮茬周期。

如今，农场已成为东台西瓜的主产区之一，所产的玉谷牌西瓜拥有“绿色食品”认证，成为农场一块响当当的招牌。据估算，农场每年的大棚西瓜产值都在2亿元左右。小小的一只瓜，已成长为“集体租金赢、瓜农收入赢、打工劳务赢、企业品牌赢”的“四赢产业”，助推农场形成了“西瓜销售、劳务用工、产品运输”三大市场。

林下生态散养草鸡

进林掘金，稳扎稳打做精玉谷草鸡

在20年的旱改水进程中，农场大力推进土地规模化、生产机械化、农业现代化，鼓励富余劳动力走出农田谋生活。这时，1.5万亩的林地资源就成了转移劳动力的重要渠道。

2007年，何垛分场17大队职工韩以兵在林带内尝试发展草鸡养殖，当年饲养草鸡6 000羽，获利8万元。农场从这个成功案例中发现了林下养殖草鸡的巨大空间和潜力，将其作为林木管护、林下套种等职工分流方式之外的另一条道路，出台鼓励性政策，引导职工发展林下规模养殖。2010年全场林下草鸡存出栏74万羽，2011年林下草鸡存出栏量翻番，突破150万羽，2014年全场建成养殖小区18个，发展养殖户百余户，转移剩余劳动力近千人，总产值超亿元，实现“十百千亿”大突破。

林下草鸡发展起来了，规模有了、产量有了，如何做精做强？农场决定走产业化路子，设立了玉谷草鸡研究所，成立了玉谷草鸡选育场，组建了玉谷草鸡合作社，打出了自己的品牌——玉谷林下草鸡。

玉谷林下草鸡（蛋）自创牌以来，以其品种纯正、模拟野生饲养、产品优质稳定的特性，先后荣获“盐城市知名商标”“江苏省名牌农产品”“江苏省著名商标”“绿色食品博览会金奖”等十多项荣誉，成为全国农垦农产品质量可追溯产品。

近些年，新曹农场的小草鸡越飞越远，以每年百万羽的规模“过江进京”飞入寻常百姓家，为消费者送去农场最衷心的祝福——“蛋”愿人长久！

闻名遐迩三河牛

呼伦贝尔农垦集团有限公司 李光明

奔腾的额尔古纳河几千年来以母性的力量不断缔造着呼伦贝尔的神奇，也缔造着天与地的神合。回想中学课本“三河牛，三河马”一课时，想必我们都不会陌生。三河牛就生长在我国最大的草畜经济带、世界五大天然牧场之一的呼伦贝尔大草原上，这就是闻名遐迩的优良畜种内蒙古三河牛。

悠久的历史铸就文明底蕴

三河牛起源于呼伦贝尔市额尔古纳三河地区（根河、得尔布干河、哈乌尔河）及呼伦贝尔市境内滨洲线一带，因此得名。1898年俄罗斯帝国修建中东铁路时，铁路员工带进少量西门塔尔牛和西伯利亚牛。苏联十月革命，苏联人又带来俄国改良牛——后贝加尔土种牛、塔吉尔牛、雅罗斯拉夫牛等一些杂种牛，加上瑞典牛和从日本引进的北海道荷兰牛，经过复杂杂交、横交固定和选育提高而逐渐成形。20世纪50年代中期，根据党中央号召，在呼伦贝尔地区建立国营牧场，本着“以品种选育为主，适当引进外血为辅”的育种方针，有计划地开展科学育种工作。一场“建立种牛场，组织核心群，选培和充分利用优良种公牛，开展人工授精，严格选种选配，定向培育犊牛，坚持育种记录，建立饲料基地，加强疫病防治”的工作轰轰烈烈地展开了。历经几代农垦人精心选育，在这片幅员辽阔、水草丰美的土地，自主培育出来了我国第一个拥有完全知识产权的乳肉兼用型优良品种。

1958年8月，时任中国农垦部部长的王震同志专程来到呼伦贝尔盟视察农垦开发建设情况。他一见到时任盟农牧场管理局党委书记乔杰林就讲：“听说你们三河牛养的很好啊，快陪我去看看。”来到了谢尔塔拉种畜场，见到一头头种公牛和奶牛，王震高兴极了！他向饲养员了解饲养情况，当得知一头名为三河25号的高产奶牛日产奶27公斤时，连连称赞，兴奋地和秘书说："给它照个相！"还俯下身来和青年饲养员张喜明交谈，兴致勃勃地尝试学习挤奶。

厚重的底蕴孕育着感人的故事。三年困难时期，饥饿笼罩着祖国大地。1960年，王震部长了解到谢尔塔拉牧业职工那萨（音译）无儿无女，特意派人专程从医院抱了一名不满周岁的孤儿，送给他抚养。也正是靠着三河牛的乳汁，孩子熬过那段艰苦岁月，这一举动既挽救了一条生命，也圆了他做父亲的梦，如今孩子已成为农垦二代。

三河牛基础母牛核心群

发展变迁成为优良畜种

20世纪90年代以后至今，依托国家三个五年计划等项目，建立了现代育种技术体系，确定了育种目标，坚持乳肉兼用方向，自主培育特色品系，保持三河牛现有优良特性、特点及生产性能，导入外血培育了乳用、肉用两个新品系，丰富品种资源，实现了三河牛生产性能不断提高。

“哞——”三河牛嘹亮的叫声引着我们一路走进呼伦贝尔农垦集团谢尔塔拉农牧场种公牛站，这里作为全国唯一的三河牛种公牛站，被誉为三河牛的摇篮，承担着三河牛育种、后备公牛培育、冻精细管生产、科研和技术推广的重任。饲养员指着那头健壮的种公牛说，“看，这头牛是08741号，可别小瞧它，体重达到1 542公斤，大伙都称他为三河牛里最牛的牛！”我们拔了一把鲜草隔着栅栏喂给它，它悠闲地咀嚼着让我们和它拍照。走入三河牛展厅，一张高大健硕的三河牛鼻祖图片映入眼帘，引起了我们的兴趣，解说员告诉我们，标号为037的这头三河牛是鼻祖，曾经在1958年登上《中国畜牧兽医》杂志的封面，当之无愧的成为了“明星”牛！

三河牛的品种特点是耐寒、耐粗饲、宜放牧、适应性强、遗传性能稳定、产奶高、肉质好。外貌特征为红黄白花毛色，头斑为红头白额、红头白鼻梁、红头白眼圈及白头。体大结实，四肢强健，骨骼结实、肌肉发达，三河牛核心群奶牛单胎次奶产达到6.5吨，牛奶乳脂率达到4.2%、乳蛋白达到3.2%以上；三河牛在高寒气候区冬春季短期育肥日增重还能达到1.0～1.1公斤，屠宰率达到50%～55%，净肉率42%～45%。

三河牛良种繁育中心

正是缘于一代代农垦畜牧技术人员的努力和三河牛的优良表现，1958年，谢尔塔拉牧场获得周恩来总理代表中央政府亲笔签名授予的“三河牛育种工作取得显著成绩”奖状。1986年被内蒙古自治区命名为“内蒙古三河牛”。2009年开始将三河牛纳入国家良种补贴范围，“十一五”“十二五”期间三河牛选育项目先后两次被列入国家科技支撑课题。2011年获得农产品地理标志登记保护。2015年、2016年三河牛选育成果先后获得呼伦贝尔市科技进步一等奖和内蒙古自治区科技进步二等奖。2019年，“三河牛”入选第四批全国名特优新农产品名录。

蜚声国内外成为一张名片

在种群性能不断提高，种群规模不断扩大的前提下，三河牛不仅仅是呼伦贝尔地区一张畜牧业名片、养牛业主要品种的当家名片，更是农牧民增收致富的“主力军团”。新右旗牧民通拉嘎兴奋地告诉我们，他家的三河牛母牛在2020年又产了一头母犊牛，奶产达到了近5吨，再养上一年多，又会增加收入2万块左右！

“现在的三河牛基础母牛产奶量有的可达7吨以上，这是以前不敢想的！”种公牛站站长柴河告诉我们，“今后，我们将加强三河牛对牧区蒙古牛的改良力度，全面辐射提升牧区蒙古牛的生产性能，显著提高牧民收入”。

正是由于草原和种群的特殊性，三河牛牛肉、液态奶、奶酪等优质产品多次参加食博会、餐饮博览会和农畜产品推介会，因肉质鲜美、乳指标优良、口感独特，广受市场消费者青睐。

如今，一批批闻名遐迩的三河牛已走出垦区和呼伦贝尔大草原，足迹遍布全国29个省市自治区，还尝试走出国门远赴蒙古、越南等国家进行繁育，正在逐步成为世界性的乳肉兼用型优良品种。

2020年7月，100头三河牛带着光荣使命远赴西藏拉萨，开始了万里生命之旅，首次进入3 650米的高海拔地区，挑战生存养殖极限。这对加大三河牛推广力度，带动西藏高海拔地区乳肉发展升级具有重要意义。

“亲民”：这个牌子可要慢慢“品”

黑龙江省红星农场　韩红运

“为什么种地不挣钱？”17年前，亩效益引发的问号让黑龙江省红星农场场长于建华选择了种植有机产品。

“为什么好产品卖不上好价？”17年后，改革目标让红星农场有限公司董事长姜耀辉选择了营销有机品牌。

17年的时光，让红星农场干部群众感到最自豪的是做了两件事：“亲民”品牌的种与卖。

品牌是长出来的，在种植户的垄沟里长着

2003年，红星农场种植户王春生不再种常规大豆，改种有机大豆了。他以前种的常规作物亩效益不到百元，地没少种，钱没少赔。

从这一年开始，农场开始了“亲民”有机食品生产基地的转换。那时涉足“有机”与第一个吃螃蟹的人差不多，产量低、成本高、没市场。

困境中，王春生年底却挣钱了，种一亩有机地相当于种三亩常规田。“种有机作物每亩承包费减半，转换期内每亩地补助40元，要是亏损严重每亩地还补贴30元至100元。”王春生说这一切都是为了“养活”有机品牌。

2006年，王春生开始种植有机白菜。得到认证的地块成了“风水宝地”，种什么都挣钱，200亩有机白菜纯效益23 000元，种一亩有机白菜相当于种10多亩常规田。

此后，王春生脚下寒地黑土的“颜值”越来越高。2011年成为全国首批“有机产品认证示范创建区”，2014年被命名为“国家有机食品生产基地”，

2016年晋升为“国家有机产品认证示范区”。

基地有多少“含金量”，垄沟里就有多少亩效益。2019年，农场有机产品销售收入7 330万元，拉动职工就业300余人，实现增收1 000余万元。这一年，农场获得“农业农村部第二批农业产业强镇建设单位”。

品牌是管出来的，在产品人的标准里管着

“亲民”有机酸菜生产加工车间

2007年7月1日，红星农场选择了这样一个特殊的日子在国家工商总局申请“亲民”商标，其使用源自党的十六大政府工作报告中的亲民理念。

为了提有机“原字号”产品效益，农场建成有机食品加工园区，并注册成立“北大荒亲民有机食品有限公司”进行市场营销。其中，全国首家有机酸菜加工厂的每个酸菜大缸一次可腌渍2万多棵大白菜，王春生种一棵有机白菜价值2元左右，而加工成酸菜售价近10元。

公司把标准当成产精品的“红线”。2009年建成的农垦农产品质量追溯系统，从种植管理、生产加工和产品销售三个方面采集追溯信息。在有机酸

菜加工中，“质量追溯”时刻有17道工序把关。白菜入缸前要经过喷淋式清洗，入缸后要按工艺要求的比例发酵，出缸前的半成品要进行亚硝酸盐、酸度、食盐等多项指标的严格检验，出缸后的半成品要去根、分等、清洗、切丝、整理、包装和杀菌，让每一袋酸菜都有自己唯一的“户口”——追溯码。如今，“红星酸菜”已成为国家地理标志保护产品、黑龙江省名牌产品和国家百佳农产品品牌。

公司把构建标准体系当成铸品牌的“命脉”。在标准化工艺管理上，有机酸菜是国内最早通过有机认证的腌渍类产品，获批产品包装、发酵设备2项国家专利，采用乳酸菌厌氧发酵将亚硝酸盐含量控制在每公斤4毫克以内。在标准化检测流程上投入110余万元购置真菌霉素等检测设备20余台套，年检测频率万余次、检测项目百余项。

目前，公司产品获批国家“三品一标”产品，公司成为同线同标同质“三同企业”，中国品牌建设促进会2019年评估“亲民”品牌价值为1.26亿元。

品牌是养出来的，在消费者的心里养着

2019年6月，红星农场在农垦改革中改制为有限公司，作为公司董事长，姜耀辉把市场当成品牌的另一种土壤，用多种手段开展品牌营销，用品牌引领现代农业高质量发展。

疫情爆发以后，很多农产品在疫情防控期间销售不景气，而不少人却认准了公司生产的有机产品，尤其是有机酸菜以乳酸菌厌氧发酵为核心技术，可激活人体免疫系统而成为居家的一道“硬菜”，品牌拉动了产品大营销。

线上多平台宣传品牌。充分运用公众号、微信、抖音和自媒体等平台，全方位提高品牌宣传的影响力。2019年以来，先后三次与薇娅团队合作“网红带货”直播，累计销售有机饺子粉10万袋。同时打造“自有网红”，利用“网红带货”“线上促销”“直播间宣传”三位一体方式，持续增加线上品牌曝光率。

线下多元化体验品牌。先后开设“亲民食品”体验店、亲民优选超市，

并开展“亲民食品”+社区、“亲民食品”+学校等工厂游活动，通过实地参观生产加工全过程来加深品牌印象。将节日营销与农产品营销活动进行有机结合，增加消费者品牌黏性。通过体验式营销，将产品贴上高端化、地标化等优势标签，逐渐形成会员营销战略。

服务多渠道推广品牌。开设会员精准营销服务，通过大数据的分析，精准锁定“亲民”产品主流消费群体的购买平台。启动营销数字化服务，为直营店和线上优选超市配备集成管理系统，通过智能销售终端完成直营店智能化管理。目前公司销售网络已覆盖15个省市，省区域代理商27个、销售门店3 700多家。2020年疫情防控期间，公司被黑龙江省政府评为“疫情防控重点物资保障单位”，通过战“疫”保障箱、“不见面”式配送等服务方式，前5个月取得了逆势增长，实现销售收入3 691万元，同比增长66%，成为北大荒旗下高端品牌代表。

2019年，亲民公司被授予“2019年度全省食品流通行业先进单位”，“亲民食品”荣获“小康龙江”扶贫公益领军品牌。

“亲民”，最亲是民，为耕者谋利，为食者造福。

甜瓜让“傻瓜”的生活比蜜甜

江苏省云台农场有限公司　刘玉春

刘超凡，土生土长的云台人，2011年退伍后在兴垦农业科技有限公司工作，成了垦三代。那时起，他的爱情、生活与甜瓜结下了不解之缘。

2015年，超凡和在农场房产公司工作的杨艺冉一见钟情。那时正值育瓜苗时节，他领着冉冉迈入1.5万平方米智能温室，苗床上穴盘整齐排列，有的瓜籽已冒出小芽。冉冉饶有兴致地帮着测温、覆膜，暖暖的空气中充满了爱的味道。

傍晚时分，天气突变，室外温度陡然降至冰点，冉冉要回家，超凡却跑走了，打电话也不接。冉冉一赌气，自己开车走了。

第二天清晨超凡去找冉冉，吃了闭门羹，打电话给冉冉解释：育苗期遇冷，对瓜苗的危害是致命性的，昨天他只顾和司炉工给大棚升温，忙乱中没接到电话，夜里控温需不停地巡视调节苗床温度……冉冉心软了。

后来冉冉说起来就怨自己傻，这事有了第一次，就会有第二次。瓜籽出苗后的温度、水分、光照、壮苗等一系列管理，让超凡不敢分心。他困了就靠着苗床打个盹，饿了吃两口泡面，夜里巡查温室的间隙整理当天的苗情管理……奋战40多天，健壮的瓜苗出棚了。

无约会恋爱让冉冉思念成河，本以为超凡育好苗，他俩就能花前月下，但她的期盼落空了。兴垦公司为了打造有机“黄金蜜瓜”品牌，开辟了500亩推广田，超凡更无暇顾及冉冉了。

瓜苗移植前，瓜田普施腐熟的有机肥，那味道“香飘十里”且极具渗透力，约会难得，但超凡身上浓烈的“香味”挥之不去，娇气的冉冉捏着鼻子直嚷，但时间久了便也习惯了；瓜苗定植后，需要充足的水分，成活后薄肥勤施，超凡为了方便管理，吃住在温室。“傻”冉冉没办法，只好来温室约会，“傻”小子爱情、工作两不耽误，心里更美，工作更带劲。

公司为了满足消费者对优质安全农产品的需求，又给超凡布置新课题——蜜蜂授粉。黄金蜜瓜原先采用激素涂抹授粉，畸形果率较高、口感稍差，而蜜蜂授粉可降低农药在作物中的药物残留，让消费者更加放心享用。

蜂群搬进温室前的准备工作烦琐复杂。要先做好病虫害防治，避免蜜蜂进来后再防治导致蜜蜂中毒；在温室中部搭箱架，放风口遮挡防虫网；随时观察天象，晴好天气才能将蜂群搬入温室中；蜜蜂授粉对棚温、湿度和授粉时间要求更高，需不停巡查、调节、放蜂；待甜瓜开花量达15%时蜜蜂进棚，超凡还要协助饲养员饲喂，为防止授粉蜜蜂敌害，及时清理变质蜂具、灭鼠……超凡的眼里只有蜜蜂了。

本来冉冉的“情敌”只是甜瓜，现在又多了“蜜蜂”，她连第二的位置都保不住了。

因蜜蜂对农药十分敏感，这又倒逼公司必须采用绿色防控技术预防病虫害，在瓜田装色板、诱捕器进行物理防控；尝试利用微生物源、植物源、动物源农药以及抗生素等生物制剂进行生物防控……瓜田管理越来越复杂精细，超凡白天黑夜守着瓜田，冉冉想煲个电话粥都成了奢望。这倍受相思煎熬的恋爱让他俩爱得更深了，瓜熟蒂落时，这对“傻瓜”终于得闲喜结连理。

产业帮扶基地

据测试，兴垦黄金蜜瓜因采用蜜蜂授粉和专用生物有机肥和一藤一瓜等绿色种植技术，品质较往年得到极大提升。在上海农产品交易会上，兴垦黄金蜜瓜备受消费者青睐，闻讯而来的上海市民一瓜难求。

2016年，兴垦科技公司响应江苏省农垦集团公司产业扶贫号召，在淮安实施“设施化黄金蜜瓜扶贫项目”。超凡成了项目实施合适人选，这对小夫妻开始了牛郎织女的生活。

超凡带领当地村民严格按照兴垦公司技术规划要求进行田间管理。260栋钢架大棚，他既是技术员又是管理员，工作之余还编写教材，对当地村民进行理论与实践培训；瓜田管理、采摘、包装、装卸等样样经手。忙忙碌碌中过了三年，由于常年弯腰作业，30出头的超凡背部弯曲了。

令人欣慰的是，兴垦黄金蜜瓜品牌推广和基地扶贫效果显著。蜜蜂授粉的蜜瓜订单价格比传统激素授粉的瓜每公斤可高出1元，按亩产4 000斤算，亩收益达万元以上。种植公司蜜瓜订单的村民盖起了楼房，当地人羡慕地称为“金瓜楼”，兴垦科技公司也被评为当地的龙头扶贫企业。丰收时节，他俩的小家庭迎来新成员——金瓜蛋蛋。

金瓜蛋蛋出生时正值坐瓜，直到办满月酒时，超凡才从基地赶到家，匆忙间只背了一袋头茬黄金蜜瓜。

这位笨拙的大男孩站在床前，任由冉冉流着委屈的泪水，不知如何安慰。看他那“傻”样，冉冉心软了，她抹着眼泪说：我要吃瓜！

超凡赶紧切瓜。一划开瓜皮，汁水就顺着刀口流了下来，那饱满厚实的果肉、清新扑鼻的果香引来亲友的一阵惊叹，超凡捧起一瓣递给冉冉：甜吗？冉冉含泪傻笑：嗯！

亲友们一拥而上，吃的吃，切的切。轻咬一口，汁水四溢，口感清脆细腻，恰似一阵小风从舌尖清爽至心间，尤其瓜心，软糯、香甜、顺滑！

回想这些年，冉冉视金瓜为情敌，始终没能赢过。兴垦黄金蜜瓜经过多年精心打造，销量激增，2020年公司决定扩大扶贫基地规模，超凡任基地主任，她只好认命：谁让自己傻，找了个“瓜痴”！

假日，金瓜蛋蛋又嚷着找爸爸，冉冉带着他到基地去。谁知这小混蛋在闷热的瓜棚里跟着工人理瓜秧、捡垃圾，忙得一板一眼，天黑了仍赖着不走，“瓜痴”基因太强了！

冉冉无奈地走出温室，基地的傍晚暖风拂面，空气清新，放眼望着蜜瓜园，想着温室里的两个“傻瓜”，这美好的一切已让她分不清：瓜儿是因他们的爱情而甜蜜，还是生活因蜜瓜才更甜美。

爱莲花卉“艳”天下

江苏省淮海农场有限公司　陆军

夏日北京，新落成的奥运场馆周边，满眼的水生植物景观清新宜人，其中一种色彩绛红、花瓣重重叠叠达300多瓣的荷花分外引人注目。这就是爱莲苑培育的新品种——“红艳三百重”，它在第17届全国荷花新品种评比中获得二等奖。

原中国荷花协会会长王启超如是评价爱莲苑：“爱莲苑地处苏北腹地，按这样的地理环境，在水生花卉方面不大可能做出名堂，可他们就是把水生花卉做出了全国响当当的规模和品牌，而且还把生意做到法国、荷兰、日本等10多个国家，这实属了不起啊！”

进军鸟巢让梦想成真

说起爱莲苑，必说说李静的父亲。2000年那年，爱莲苑水生花卉有限责任公司创始人李吉厚从农场绿化办主任岗位退休后，他就买来8口水缸，开始种荷花和睡莲。一年后，水缸增加到32口，品种也日渐丰富。一次，李吉厚心想：北京刚刚申奥成功，能不能将自己培育出的水生花卉品种去装扮北京的奥运场馆？这一想法虽说天真，但老李还是付诸行动，不顾妻子的极力反对，就将刚买的一间门面房转让出去，用5万元转让金开办起占地2亩的“淮海水生爱莲苑”。

为了掌握水生花卉培育技术，老李购买了5 000多元书刊资料，又多次去北京，向中国科学院的一位植物学教授请教。开始几次被婉拒，但锲而不舍的他最终感动了教授，两人还交上了朋友。在教授的指点下，老李用外来引进品种同沿海地区的野生类水生植物进行杂交优化和多倍体繁育试验，并经过3 000多次杂交对比试验，“爱莲苑”成功繁育出许多梦寐以求的新品种，让中国花卉协会前沿的专家看到了爱莲苑的潜力。

经过中国荷花协会的遴选推荐，“爱莲苑”水生花卉被列入奥运场馆水生植物景观订单。看到20多个品种的7万多株荷花、睡莲及水生植物争奇斗艳绽放在奥运会的现场时，老李流下了激动的泪水，此时，梦想成真是他辛勤努力的最好诠释。

科技创新让大奖垂青

在两块不到300平方米的苗圃内，栽植有200个不同荷花品种的盆栽荷花，每个荷花品种又分别栽植了10盆，并且每一排荷花都有独特的英文字母和数字组成的代码。

“这是原始育种代码，这些代码只有我和助理两个人才能解读。”爱莲苑经理李静说，“爱莲苑收集了400多个荷花杂交亲本，通过杂交、回交、复交和多倍体育种等方法，培育出近百种荷花新品种，而这大部分被中国花卉协会荷花分会认定为有效品种。”

繁育荷花新品种

从科技创新入手而发展起家的爱莲苑，造就了它与其他花卉品牌发展的不同之处，同时这也是爱莲苑的优势所在。爱莲苑成立后，与北京、南京农业大学等多个高等学府、科研院所及武汉荷花研究中心协作，分别建立了杂交圃、选育圃和株行圃，形成了自有的研发能力和技术繁育体系。其中“紫重阳”“雪涛”“黄帅”和“粉球”4个荷花新品种分别在第18届、25届、28届全国荷花新品种评比中获得一等奖；另有6个新品种分别获得了二、三等奖。

而做到这一切，是缘于李吉厚和李静父女俩专注于对爱莲苑科技创新，并在创新中传承，走高质量发展之路的结果。

诚信经营让市场做大

针对市场和客户的需求，爱莲苑在转型发展中，把荷花、睡莲等大宗植物规模控制在40%以内，并让千屈菜、花叶水葱、黄菖蒲等300多种水生花卉在苑区所占的比重迅速跃升。

“我们建苑以来，与国外10多个国家的客户做成了几百笔生意，从来没有发生过质量纠纷。”李静说，“2014年4月，石家庄客户陈先生从爱莲苑订购了一批水生植物种苗，因井水浇灌中含有的剩余漂白粉造成部分植物死亡。我们得知情况后，立即派了一名技术人员前去查明原因，指导对方种植。虽说对方又从爱莲苑订购了一批花卉补苗，但我们也只收了象征性的苗款。”李静坦言：“生意人以盈亏论成败，企业家决不以眼前得失论英雄。”

2015年初，爱莲苑收到一份韩国客户朴永善先生的传真，资金没到位的他，因为事出突然，想请爱莲苑按照清单早点发货。李静基于客户角度的考虑，直接将货发到韩国。朴先生收到货后非常感动，通过这一小细节就将爱莲苑当成了信得过的合作伙伴，以后几年里，朴先生仅在爱莲苑就购买了40多万元的各类花卉种苗种子。

每次发货，除负责检验的员工外，生产经理在装车前还要亲自检验，保证不让有缺陷的种苗种芽或种子流出基地。

反哺社会让爱心远扬

淮海农场十分重视发展民营经济和培植文化旅游产业的，2007年农场领导投入50多万元，借助农场的扶持政策将2亩地的小池塘扩充到146亩，并建好了配套的土建工程，使爱莲苑的生产规模空前壮大。

吃水不忘挖井人，爱莲苑一直热心于公益活动。爱莲苑出台了为困难家庭和下岗工人提供优先用工的政策。爱莲苑每年都雇请30多名长期员工在这里工作，为了提升大家干事的热情，爱莲苑还采用了固定薪酬和计件工资双薪制，更是让在苑区工作的员工充满了干劲。公司成立以来，每年用在苑区劳务用工的支出就近100万元，其中收入最多的员工一年可达六七万元。

“汶川大地震和射阳‘6·23’风灾中，我们公司都参加了社会捐助活动。”爱莲苑经理李静说，“每年我们都要组织农场太极队到爱莲苑进行参观交流活动，组织周边的县市开展旅游观光和组织摄影采风、采访活动，并在交流中提升了淮海的形象，也彰显了我们践行的社会责任。”

爱莲苑的荷花

擦亮云山甲鱼品牌

江西省永修县云山企业集团　曹国平

夏天，来到江西省云山集团凤凰山甲鱼良种养殖场“稻鳖共生”养殖基地，只见稻浪翻滚，水波荡漾，一片生机盎然的景象。一个中年汉子弯下腰，右手伸到脚底，拎出一只凶猛的甲鱼，足有3斤多重。

“这些甲鱼都是放养的，野性十足，捕捞的时候要特别小心，不然就会被它咬到。”中年汉子提醒说。

云山甲鱼养殖场的甲鱼即将批量上市之际，从上海、江苏、福建、湖北、南昌、九江等地赶来“看行情”的客商络绎不绝。

南昌洪城水产批发市场经营户吴士刚先生说：“云山甲鱼在南昌市民中的口碑很好，已经形成一批固定的‘吃货’。”他每天销售的甲鱼有一半是云山的。“云山甲鱼裙边宽大，面板光洁，翻身也快。销售量少时一天800来只，多的时候可卖1 000多只。”

云山集团凤凰山甲鱼良种养殖场坐落在江西省永修县云山集团最南端。过去，这是个人多田少、资源匮乏的单位，靠单一的粮食作物，农工年收入还不到500元。1993年7月，20多岁的王传树从江西水产学校毕业后分配到凤凰山分场。那年秋天，王传树随凤凰山几名干部和技术人员到江浙一带考察工厂化甲鱼养殖，就动起了工厂化养殖甲鱼的心思。考察回来后的第三天，他采集了凤凰山水土样标本到江西农科院检测，得出结果是，凤凰山的水质、土壤、气候完全适合甲鱼养殖。于是，王传树向单位申请在凤凰山试行工厂化甲鱼养殖。单位经过讨论批准了他的方案，并指定由王传树负责凤凰山工厂化甲鱼养殖项目。

1994年初，凤凰山甲鱼良种养殖场开工。经过4个多月的艰苦奋战，开挖出12亩甲鱼池和9 000平方米的商品甲鱼池，并建起了一座1 500平方米的人工控温室。

刚开始，王传树也是边饲养边摸索，努力学习掌握甲鱼养殖技术。为了满足甲鱼对水质的高要求，养殖场从云山水库开渠取水，引入甲鱼池中。为了保证甲鱼的高质量，在甲鱼池中放入鱼虾等生物，采用自然状态放养的方式饲养甲鱼。

翌年，第一批云山甲鱼上市。那一天，王传树到南昌洪城水产批发市场销售甲鱼。一个经销商偏过脸望着王传树："你是哪里的？"

"我们是凤凰山甲鱼养殖场的。"

"哪里的凤凰山，我们只销湖南汉寿的甲鱼。"经销商一脸不屑。

"要么你先看看我们甲鱼的品质？"王传树抓起一只甲鱼给经销商看。

"莫挡事，我忙着。"经销商推开王传树，不愿搭理。

这时有一个顾客要买甲鱼给医院的病人吃，但自己不知怎么烧，让王传树帮忙做成熟食。王传树一次烧了2只，一只让顾客带到医院给病人吃，一只给在场的批发商和顾客品尝。这一做，满场子的香气久久不散。大家品尝之后，更是赞不绝口，那名经销商立即要把王传树带来的甲鱼全部包销，还不还价。从此，云山甲鱼在南昌就打开了销路。

第一次销售甲鱼，也让王传树意识到：没有自己的品牌，就不能在甲鱼养殖行业中开拓出一片新天地。第二年8月，甲鱼场注册"云居牌"品牌成功。10月，凤凰山甲鱼养殖专业合作社应运而生。

由于云山甲鱼生态养殖品质好，在市场上受到越来越多的消费者青睐。九江、武汉、福州等城市的水产经销商纷纷来云山订货，虽然价格比一般饲养的甲鱼高，却依然供不应求。1995年，云山甲鱼养殖场销售收入达到1 000多万元。

接下来的几年里，云山甲鱼十分跑火。在甲鱼销售季节，甲鱼场门口都排满了车辆等着拉甲鱼。

然而，事业的发展不会总是一帆风顺。随着全国甲鱼养殖业规模扩大，人工饲养的甲鱼价格从每斤上百元跌落到30元。

"甲鱼养殖出现低谷是正常现象。当前，我们要提高甲鱼品质。"王传树没有退却。为了提高甲鱼的品质，2016年，王传树在凤凰山甲鱼养殖场推行"稻鳖共生"养殖。

一开始，一些群众对“稻鳖共生”养殖不理解，劝王传树不要急功近利，还是稳一点好。万一失败了，就会劳民伤财。王传树信心满满：“现今的甲鱼市场竞争激烈，如果抱守老家底，只有死路一条。”

王传树敢想敢干。当年，他就流转了210亩农田进行“稻鳖共生”养殖。

“‘稻鳖共生’养殖，就是田里种水稻，田边养甲鱼。甲鱼吃食稻田里的虫、蛙等，而甲鱼的粪便又是水稻很好的肥料，实现‘稻鳖共赢’。‘稻鳖共生’模式可增加经济效益30%以上。这种水稻味道好，市场价可以到12元每斤，这种鳖品质更好。”王传树介绍说。

稻鳖共生基地

当年凤凰山“稻鳖共赢”养殖获得成功。亩产稻谷800多斤、甲鱼100多只，亩产值达11 000多元，其中商品鳖亩产值5 600元，水稻5 400元。

2018年3月，农村农业部在凤凰山召开“稻鳖共生”养殖现场会，各地参会代表参观凤凰山“稻鳖共生”养殖基地后给予了肯定。

养殖，走“稻鳖共生”之路；销售，走品牌立本之路。凤凰山甲鱼良种养殖场取得了成功，“云居”牌甲鱼先后获得“南昌农产品金奖”“江西省著名商标”“无公害产品”等荣誉和证书，凤凰山甲鱼良种养殖场被认定为“农业产业化省级龙头企业”，“云居牌”甲鱼畅销全国10余个省市。

甲鱼养殖承载了当地群众脱贫致富的希望。目前，云山集团凤凰山甲鱼良种场建有精养水池11个，面积1 000多亩，“稻鳖共生”基地560亩，带动分场156户农户发展甲鱼养殖，13户贫困户通过入股形式参与发展，享受分红，户均年增收2 000元。

“品牌提升是江西云山集团凤凰山甲鱼产业化发展必经之路。”王传树信心满满。下一步将把甲鱼文化和美丽乡村经营相结合，推出甲鱼文化展示、垂钓、餐饮等农业休闲观光旅游项目，做强产业文化，使云山成为赣北“甲鱼第一乡”。

红江橙，红遍五洲

广东省作家协会　吴文琴

金秋十月，被人视为黄金季节。望眼欲穿的人们，都在盼着果实的到来。应朋友之约，我们进行了一次红江（农场）之行。

红江农场隶属于广东农垦，水往高处流而种植了红江橙。走进那呈馒头形的山岭，环山而植的林带，一环扣着一环地，从山脚缠至山顶。从远望去，恍如一个巨大的甲状动物，蹲坐着山地间。环山种植的红江橙，以其3米×3米的株行距，以一个个塔状，立于梯间。已经成熟待收的红江橙，一串串地挂满枝梢。果压树枝，而使枝杈下垂。从远处看，恍如珍珠爬上树梢，如火球在泛红，如火点在燃放，如睡美人在仰躺，如翡翠在打点……

走近一看，那橙色的红江橙，有如电磁波投射到果品上。界于红黄之间的橙色，呈出了橘黄状。在太阳的照射下，油光反射，滴滴溜溜，如抹上了油。那圆中带扁的橙身，用手触摸，单个足200克的红江橙，坠手的感觉油然而起。在中国人的传统中，黄色是皇家指定的色彩，是黄金的象征。传递给人们的，尽是欢快、活泼的动感。它的暖中带温，带给人们的是明亮与华丽的感受。无疑，红江橙，是吉祥的象征。

红江橙种植

午间，一个红江橙宴，使我们更深层地认识了红江橙。当主人拿起果刀，唰地从橙子的中间，刀到果开还没有收起时，橙汁便如连珠般，一串串地往下掉。“快！快用盆子将它接住，别浪费啊！”同行的美女眼疾手快，急用盆子接住。只一眨眼的功夫，一棵橙子外溢的橙汁，足有一勺。当我们把橙片往嘴里送时，已经来不及接住的橙汁，一滴滴地掉到了我们的裤腿上，于是我们急忙取来餐巾，唰唰地抹去。

红江橙果大而型满，皮薄而光滑，果肉橙红而柔嫩，汁多而化渣。其甜中带酸，很是独特。因此，被人们誉为“人间仙桃”。甚至在国外，被冠为“中国橙王”。

红江橙，是红江农场科技人员，从一棵变异的单体中，通过嫁接促成嵌合体的变异而生成。自1973年投产以来，现已拥有两万亩的生产基地，是中国最大的红江橙生产基地与出口创汇基地。目前红江农场以创名牌为中心，规划并建立完善的管理系统，已拥有独立的科技队伍，与独立的生产基地、试验基地、培育基地，以及加工与分级包装生产线。红江橙已获国家颁发的“绿色食品”标准证书、中国绿色食品A级认证、以及中国农业博览会名牌产品、广东省名牌产品、广东省著名商标。已列入国家的星火计划，成为中国外交部国宾馆指定的国宾产品。产品已经出口了几十个国家与地区。

从深圳机场到南非约翰内斯堡，我们在机上蜷缩了16个小时。到了凌晨五时，机上突然灯光四照，表明进入早餐时间了。空姐推着餐车，挨个座位送早餐，但终究不好吃。

下了飞机，在跌跌撞撞中，我们拉着行李箱，进入了午餐馆。一经落坐，一位皮肤黝黑的小姐，托着一个果盆上来了。按照惯例，先果后餐，或者先餐后果，这是服务的不同层次。尽管神志未醒，但也急需一个水果洗尘。“呀！”我突然两手一摊，呆在了那里。站在那里的服务小姐，突然一个扭头，不解地问：

“Sir, what is going on?（先生，到底发生了什么事？）”

“Ah, where did we get the oranges?（啊，哪来的我们家乡橙啊？）”

导游直接把我的惊呆，翻译给了小姐。

“Ah, I don’t know.（啊，我也不知道）”然后两手一摊，微笑地离开了。

果盆上放的全是红橙。但可能是红江橙中不上档次的次品，因为没有贴标签。也可能是别处引种的红江橙，但家乡橙无疑了。现在，我们远隔万里，而突遇了家乡橙，仿佛遇到了亲人那般，而颇感亲切和骄傲。

在澳大利亚旅游，最大的兴味，莫过于人们的居家了。居家集花草、车库（杂物间）、居室的三位一体，而成为澳大利亚的田园化。

那一天，我们到一间餐馆用午餐。餐后我们悄悄地溜到一家住户去观察。住房是我国兵营式的结构，看似是由几位要好，共同购地而建的。因为墙体相连，花园（草地）分别在居室的后面与侧面，从而形成了住房、通道、花园的三点平行直线。

在当头的那间住户里，入门那3平方米的敞开式小间，作为存放鞋与雨具之用。靠在墙体一旁的一个铁架上，插放着一张报纸。“当前奢侈品导向”的中文字样，表明屋主是一位华人。在主屋的侧面草坪上，种植着几棵红江橙树，已挂满待收的果品。它的体大而油光，圆而呈扁状，看来是红江橙无疑了。我呆呆地站在那里十多分钟，这时一位约40岁的男士，从屋里走了出来，一看标准的华人样。于是我张口便问：“先生，你是中国人吧？”

“我是中国广东人，你们不也是广东人吗？”先生反问。

“你这里种植的红橙，是红江橙吗？”我不解地问。

“是红江橙种，我是廉江营仔人。那年我回国，红江农场的一位朋友约我去探望他，我要了几十粒红江橙籽，拿到这里培育。经过培育，十多棵发了芽，后来又枯死了几棵，就只剩下这三棵了。经过三年的培育，早已结果了。每年摘下来，成为招待朋友的佳品。他们也拿了一些橙籽回去，经培育后，也传来了丰收的喜讯。红江橙终于在异国他乡结果了。”

十年下来，我们行程十余万里。世界七大洲的35个国家，国内百多个市、县、地区，我们走了个遍。在餐桌上、房间里，摆放的果品，除香蕉、苹果外，80%以上均是红橙。红橙来自中国，出自红江。即使后来，邻近的乡村，移植并种植了红橙。但红橙出自红江，这点没有改变。红江人创造了属于自己的历史，开拓了红橙的一片天地。

“红土金菠”亮闪闪

广东省湛江农垦局　傅学军

蓝天白云，绿水青山，红色土地，金色菠萝。

2020年5月中旬，祖国大陆最南端的徐闻县，天气已经非常炎热。而地处徐闻县的广东农垦红星农场优质菠萝基地，比天气更热的是正在举办的网络直播带货。短短3个半小时就售出近4 000单，交易额近75万元。网络直播结束后，各大平台的订单仍在持续增长，交易额突破百万元大关。

这是“红土金菠”适应时代潮流而尝试的一种崭新营销方式，不仅让产品一时间供不应求，更让品牌影响持续扩大。而在此前一个月，“红土金菠”就通过湛江港发往日本，正式登上国际舞台。“红土金菠”成功出口，是广东农垦菠萝产业高质量发展的重要里程碑，充分表明“红土金菠”已成功闯过十分苛刻的质量、采摘、打包等“三道关”。

徐闻县是中国最大的菠萝生产基地，常年种植菠萝面积30多万亩，占全国的三分之一以上，其种植历史可以追溯到20世纪20年代。其中广东农垦的菠萝产业形成于20世纪80年代，面积约占徐闻县的三分之一。但是，无论是地方的农民还是农垦的职工，一直以来种植的都是传统巴厘品种，得过且过的惯性思维导致产品没有更新换代。

关键时刻看农垦！同样以菠萝作为主产业的红星农场，率先认识到培育优质菠萝产业的重要性和紧迫性。2015年开始便先后引进“台农17号”“金菠萝”“甜蜜蜜”等新品种，在统一生产技术、统一质量标准的基础上，于2017年成功注册“红土金菠”品牌。产品经农业农村部食品质量监督检测中心（湛江）检测为绿色食品，2019年被列入全国名特优新农产品名录，在市场中逐步形成“农场果，自然熟”的良好口碑。

红土金菠种植基地

2018年上半年，素有“中国菠萝之乡”美誉的徐闻县，因极端寒冷天气和管理不善，部分菠萝出现黑心黑眼等问题，品质受损，滞销伤农。在地方媒体播发相关消息之后，新华社广东分社记者迅速赶到现场深入采访并播发长篇通讯，其中重点提到红星农场的“红土金菠”不仅销路畅通“不愁嫁”，而且行情稳定“不掉价”。

徐闻菠萝滞销情况受到省委省政府高度关注，省领导率有关部门人员就菠萝滞销问题深入徐闻县开展专题调研，充分肯定了红星农场菠萝产业的品牌价值和示范带动作用，认为红星农场基地出产的菠萝是集品种、品质、品牌、品德“四品”为一体的优质农产品，为菠萝产业的健康发展提供了崭新的思路。随后出台一系列政策，提供资金支持，促进广东农垦菠萝产业做优做强。

红星农场趁势而上，通过2018年和2019年参加徐闻菠萝文化旅游节、广东农博会、全国农交会等推广活动，在知名网站、报刊、微信公众号等平台发送推文；接待中央电视台《焦点访谈》《农广天地》栏目组及南方卫视《我爱返寻味》《飞越广东》等栏目组到基地采访等，“红土金菠”的知名度进一步提升。

2019年春，新华社广东分社记者再次走进红星农场采访并播发图文消息《这里有片“菠萝的海”，没有海水，但有芬芳和甜蜜》等，有关网络浏览量高达200多万。其中作为最有种植基础、最有质量保障、最有品牌影响的菠萝基地，因不打农药、不施化肥、不催熟、纤维少、水分足、甜度高，不用泡盐水，像吃西瓜一样方便，“红土金菠”一上市就受到广大客商的热捧，线上线下发货繁忙，价格明显高于周边地区。

多年以来，徐闻县传统的巴厘菠萝生产虽然总体上赚钱，但基本走不出“一年赚一年亏”的怪圈。而在红星农场，因为坚持种植新品种，虽然受种植更新时间的影响，收获面积也不固定，但利润一直保持增长，2017年以来已实现3年8倍利。其中早期参与种植新品种的职工，年亩纯利润都在1万元左右。

2019年底，农业农村部、国家林业和草原局等九部门发出通知，认定中国特色农产品优势区（第三批），广东农垦菠萝农产品优势区名列其中。广东农垦计划在积累经验的基础上，推广菠萝与香蕉、甘蔗轮作，与橡胶等林木间作，力争2020年实现无公害、绿色、有机新品种菠萝种植面积3万亩，打造菠萝农业产业化国家级龙头企业，组建全国一流的产供销一体化菠萝产业集团。

随着海南自贸港建设推进和国际旅游岛开发，地处海南对岸的“菠萝的海”声名更盛，正成为农产品海上出口的生产基地和南来北往人们陆路进出海南的打卡之地。而地处“菠萝的海”中心区域的红星农场，因“红土金菠”品牌魅力，又给人们提供了大饱口福的机会。

一百年太久，只争朝夕。在2020年新冠肺炎疫情蔓延全球、人们生产生活受到严重冲击的背景下，广东农垦逆势而上、放眼世界，在历久弥新中高举农业国家队大旗，红星农场又一次擦亮金字招牌——红土金菠！

高品质来自好原料

——金星鸭业，正宗北京烤鸭食材的传承者

北京金星鸭业有限公司　马海宁

中华美食文化传承上千年，纵观当下，唯有一道菜品可称得上中华美食瑰宝。古时它是皇家宫廷御膳，如今它数次代表中华餐饮登上国宴舞台，它就是——北京烤鸭。而在北京烤鸭风光无限的背后，则是北京金星鸭业有限公司数十年来对正宗北京烤鸭食材的坚守与专注。

北京烤鸭的唯一正宗食材——北京鸭，有着600多年的悠久历史，目前，北京鸭的原种就保留在金星鸭业。金星鸭业担负着国家赋予的北京鸭保种和良种繁育推广的双重历史使命和神圣职责，被誉为“北京鸭的摇篮”和“正宗烤鸭原料专家”。

自1952年北京市莲花池鸭场成立起，半个多世纪来，数辈金星鸭业人匠心耕耘，始终不忘传承北京烤鸭和北京鸭文化的初心，牢记做正宗烤鸭原料专家的使命，金星鸭业现已成为集北京鸭育种、养殖、屠宰、加工、销售为一体的专业化、现代化北京烤鸭食材供应企业。公司下属一个种源中心，三个屠宰加工基地，多个规模化北京鸭养殖基地，年出产正宗北京烤鸭食材千万余只。

近年来，金星鸭业不仅向全聚德、大董、九花山、四季民福等90%以上的北京市中高端烤鸭店供应原料，还承担了各种国家大型会议和外事活动的供应任务。在2008年北京奥运会、残奥会，2010年广州亚运会，2014年APEC峰会，2017年、2019年一带一路峰会等国家重要会议中，金星鸭业高质量地、圆满地完成供应任务，为展示中国独有的餐饮文化做出了突出贡献。

发展至今，始终坚持抓品种培育

北京烤鸭不可替代的原料鸭——“北京填鸭”是北京鸭经过独特的填饲工艺生产所得。北京烤鸭最重要的特点是鸭皮酥香不腻、入口即化，肉质细嫩汁满，这是别的鸭种所不具备的。金星鸭业下属的北京南口北京鸭育种中心是农业部命名的国家级北京鸭保种场，自国家“七五”计划以来，一直承担着国家下达的北京鸭科技攻关课题，在北京鸭产业发展中具有举足轻重的作用。20世纪80年代初，南口鸭场培育的Ⅳ（四）系填鸭，因生长速度快，给养鸭人留下了深刻印象，在市场得到了广泛认可，“南口四系”“四系填鸭”也因此留下美名，流传至今。

近些年，金星鸭业与中国农大加强育种合作，在原有“四系填鸭”的基础上，经过不断升级、优化选育，自主培育了“南口1号”北京鸭烤炙型配套系。“南口1号”北京鸭，肉质细腻、鲜美、口感好，每平方毫米胸肌含肌纤维1 673.5根，每根直径22.7微米，在肌肉束和肌肉纤维间分布均匀，肉的断面呈大理石状，烤出的烤鸭皮层松脆、入口即酥、肌肉柔软多汁，是优质烤鸭的正宗原料。

发展至今，始终坚持抓食品安全

食品安全一直是金星鸭业坚守的底线。2008年7月11日，由农业部农垦局举行的北京鸭全程质量可追溯发布会在北京召开，金星鸭业成为第一家实现全程质量可追溯的企业。金星鸭业每一只出厂的北京鸭均有一套完整的从源头到餐桌的“生长档案”和独有的身份证，消费者可以通过扫描二维码，全面了解这只鸭子生长各个环节的责任人以及相关生产行为，确保了食品安全。

在填鸭养殖基地，金星鸭业全部推行无抗生素养殖，获得了国家无公害农产品认证和北京鸭地理标志产品首家授权使用单位；在加工厂，全部取得了ISO9001、ISO22000、ISO14001等各项体系认证，部分加工厂还取得了清真认证和出口资质。同时，金星鸭业还加大资金投入，成立检测中心，针对北京鸭全产业链条中的投入品、疫病、微生物、环境卫生、产品质量和食品安全等开展全方位监测，确保产品上市安全。

发展至今，始终坚持抓营养美味

金星鸭业建立了一支由博士和硕士研究生组建的营养技术团队，借助现代科学的饲料加工技术和配制技术，采用纯植物源性饲料原料，生产金星鸭业独有的北京填鸭专用的配合饲料，使得金星鸭业的产品不仅食品安全有保障，而且肉质中的蛋白质、氨基酸、皮下脂肪等均属业界优等。因此，使用金星烤鸭坯生产的北京烤鸭具备不腥不臊、香味浓郁等独特的风味和丰富的营养价值。

发展至今，始终坚持抓传统工艺

在养殖工艺上，公司始终坚持传统饲养工艺，由专业的填鸭技师采用手工填饲生产而成，确保了烤制后的北京烤鸭肉质风味保留北京鸭的“本味”，填饲工艺也堪称农业非物质文化遗产；在加工环节，由于北京鸭肉质细嫩，北京烤鸭对外观品相的要求也极高，金星鸭业全部采用人工择小毛的方式。

这些都是工业化生产中保留下来的极为珍贵的手工环节，生产成本虽然昂贵，但可以带来更好的品质。

发展至今，始终坚持抓绿色生产

作为北京鸭产业的传承人和领军人，金星鸭业积极响应北京市政府各项政策，始终践行绿色发展理念，在北京鸭养殖环节推行发酵床养殖模式，实现了粪污的无害化和零排放。同时，金星鸭业积极开展节水工艺改造，全面完成全产业链的污水处理工程，完成煤改气、煤改电等清洁能源替换，北京鸭产业链全面实现了清洁生产。

2018年，公司相关养殖基地被北京市政府部门评为北京市美丽生态牧场和农业标准化基地，金星鸭业被评为中关村高新技术企业、国家高新技术企业、国家重点龙头企业等。

发展至今，始终坚持抓诚信立业

俗话说，“人无信不立，企无信不存。”品牌固然是企业经营制胜的利器，但企业诚信是品牌建设的基石。

多年来，金星鸭业以丰富百姓餐桌为己任，致力于向消费者提供健康、安全的食品，率先实施从田园到餐桌的全程质量可追溯，给正宗北京烤鸭原料挂上了质量可追溯这个“身份证”，接受来自市场和消费者的监督和检验。

数十年来，金星鸭业不忘初心，传承正宗北京烤鸭和北京鸭文化，始终向市场提供正宗、安全、营养的高品质北京烤鸭食材。

未来，作为北京鸭品种的传承人和产业领军人，金星鸭业必将继续坚守正宗品质，引领正宗消费，传播烤鸭文化，努力为行业的发展贡献更多力量。

“吉犁”，冲鸭！

——记吉林省国营双山鸭场“吉犁”品牌创建故事

吉林省国营双山鸭场　齐敬

在松辽平原腹地的吉林省四平市辽河农垦管理区，国营双山鸭场的富饶让人垂涎，美丽让人神往。可是又有谁知道这里拓荒和创业时的艰辛？请听我讲述一个创业者实现品牌强垦目标的故事！

提起双山鸭场的品牌创建，就不得不提起一个人——都业龙，这位朴实的内蒙古汉子，自2017年2月起担任吉林省国营双山鸭场场长以来，就致力于通过品牌发展带动产业提质增效、兴企富民和品牌强垦。

初到双山鸭场，都业龙通过实地调研走访，迅速了解双山鸭场的发展历程和现状。随后，他从全面梳理和完善各项制度开始，进行产业结构调整，聚焦“效率”“质量”“成本”，有条不紊地整合优化组织机构、强化质量标准、提高工艺及效率、创新销售模式、加强资金预算管理和成本费用管控等。

在都业龙带领下，2017年双山鸭场开始了订单农业，并自此开始了品牌强垦的创业之路。针对当时农户散乱种植、种植收益不高的问题，他积极引导农户成立水稻及杂粮种植专业合作社，通过土地流转形成“公司+合作社+基地+农户”的经营管理模式，采用统一基地、统一供种、统一供肥、统一收购、统一销售、统一管理的“六统一”管理模式。

2017年，双山鸭场创建了“吉林省丫鸭米业加工有限公司”，注册了“吉犁”品牌，把商标设计成拓荒牛正在犁地的场面，寓意为吉林耕种之意和拓荒精神；设计了“吉犁大米，香飘万里”的广告语，开办了网店。2018年，开始尝试在稻田里养蟹、养鸭，蟹、鸭的排泄物成为稻田里的有机肥料，鸭、蟹还能吃掉稻田地里的水草和一些浮游生物，与水稻共生共长。稻田里采用太阳能杀虫灯诱杀、释放赤眼蜂、人工除草等技术，保证大米达到绿色标准，让大家吃得更放心、吃得更健康。

为严把“吉犁”牌大米源头关、品种关、种植关、加工关和市场关，为消费者守护好从“田头”到“舌头”的安全，在稻田基地的中心位置安装一套无线农业气象综合监测站及视频监控设备，消费者可以实时视频监控水稻的生长情况。加入农垦全面质量管理系统，严格执行全程质量安全控制标准，水稻生产全流程做到产地环境有检测、技术操作有规范、产品过程有记录、产品质量有检验、产品上市有标识，实现生产安全全程可控和产品质量安全可追溯。

“酒香也怕巷子深”，为了做好销售，都业龙带领团队仔细分析顾客群、选择投放地区、研究包装档次、入驻重点商业体、锁定企业顾客群并加强宣传力度，每年在重要传统节日都多次在吉林电视台生活频道及乡村频道连续播放广告。同时央视等媒体也多次播出“吉犁牌”大米的新闻报道，进一步提高了品牌的知名度和影响力。因为“吉犁”牌大米质量过关信誉良好，连续3年为北京、广州的企业订单供货。

2017年9月，有用户反映“吉犁”大米里发现小白虫子，都业龙在弄清不是质量原因而是顾客夏季保管存放不当造成的问题之后，还是立即给用户补齐货物，并对返回的“问题大米”当场进行销毁。这个事例在用户中迅速传播开来，赢得了很好的口碑。

回首历历往事，“吉犁”品牌创建之路并非一番坦途，在都业龙带领下，双山鸭场人用一串串克难奋进的脚步，锚定品牌强垦目标坚定“冲鸭”。

提升大米品质所有的努力没有白费。2017年11月，“吉犁”大米荣获第十七届北京国际有机食品和绿色食品博览会优质农产品奖；2018年5月丫鸭米业公司荣获吉林省AAAAA级诚信企业；2018年12月，被四平市政府评为农业产业化重点龙头企业。

2020年，双山鸭场努力打造绿色生态观光农业，改造建设了高标准农田，并结合双山鸭场养鸭的老本行，在稻田基地里建起了两只5米高的“双山鸭”塑像，建起了木板栈道和具有当地民族特色的蒙古包，引得周边百姓纷至沓来，争相拍照合影留念。“就是要把我们的的水稻基地按照花园的方式来建设，既能养鸭、养蟹、种植水稻，也能休闲观景。”都业龙说。

春来秋去十六载
寒地扮靓“龙玉美”

——黑龙江龙绿食品有限公司糯玉米成长记

黑龙江龙绿食品有限公司　唐琼　刘士臣

糯玉米，又称黏玉米或蜡质型玉米，起源于中国，是世界公认的“黄金作物”，含有多种特殊的营养素，其脂肪、磷元素、维生素B_2的含量居谷类食物之首。

据现代考古证实，玉米起源于一种生长在墨西哥的野生黍类，经过逐渐地培育，在3000～4000年前，中美洲的古印第安人已经开始种植玉米了。1904年，清朝开禁放垦后，河北、山东等地流民迁徙东北，将糯玉米的种子和种植技术带到黑龙江，在这片肥沃的黑土地上开始大面积种植。而它的家族“新贵”——鲜食玉米又是黑龙江省的一个重要经济作物，特别是黑龙江龙绿食品有限公司生产的“龙玉美”牌鲜食玉米，通过多年的精耕细作，有黄糯、彩糯等多个品种，其色泽鲜嫩，营养丰富，肉质软糯，是一种老少皆宜的纯天然新保健型食品，从家庭日常餐桌到酒店宴请，都是必点的食品，成了消费者的最爱。

“绿色＋有机”糯玉米华丽转身

寒地是劣势也是优势，绿色有机就是未来发展大趋势。

黑龙江省五大连池市龙镇农场位于小兴安岭西南麓是世界仅存的三大黑土带之一，这里环境优良、土壤肥沃、水质纯净、远离工业污染，夏季日照时间长、昼夜温差大，一年一熟的气候，利于农作物营养物质积累，为种植生产有机食品提供了得天独厚的地缘资源。2004年，龙镇农场开始筹备发展有机农业，经过三年转换期成为有机种植基地，如今龙镇农场种植有机鲜食玉米已有13年，以其有机健康和规模生产而享誉国内外，被评为国家级生态示范区。

2007年，龙绿公司正式成立。农场紧盯消费者餐桌，进行种植业结构调整，大力发展有机鲜食糯玉米产业，建设有机种植基地。为确保符合有机要求，产品严格按照有机规程操作，通过13道工序，全程不使用农药、化肥、生长素等化学合成品；在生产加工环节不使用保鲜剂、添加剂，保证有机糯玉米是无污染、纯天然的健康食品；在品质控制上，引进先进的生产设备，从基地采摘到加工完成控制在6个小时内，最大限度保证糯玉米营养、品质、口感，同时实现有机标准化生产。采取品种错峰播种，延长加工期，满足消费者需求。

2009年通过了北京中绿华夏有机认证，NOP欧美认证，为“中国饭碗”增添了更加香甜的有机、健康味道，成为百姓餐桌上的“宠儿”。

黑龙江龙绿食品有限公司生产加工车间

“线下＋线上”糯玉米走俏市场

产品质量标准是身份证，也是消费者放心食用的“定心丸”。

2010年，龙绿公司加入了农垦农产品质量追溯系统，产品实现了从种植到收获全程可追溯，利用产品追溯码就可以查询种植生产加工信息；通过黑龙江省出入境检验检疫局验收，获得了出口资质；通过爱科赛尔国标GB、NOP欧美有机认证，成为标准化的国有企业。过去1穗卖1元，现在有了这些“特别通行证”，可卖到5元，供不应求，为糯玉米的销售打开了新的渠道。

在线下，他们跑市场，参展会，打品牌，以各种新颖的促销方式，提高产品知名度，激发品牌潜力。2020年，龙绿公司采取订单种植，与沈阳刘妹妹速冻食品公司签订40万穗速冻糯玉米订单合同，与美国天元公司签订20万穗有机速冻糯玉米订单，与加拿大五洲国际有限公司签订80万穗有机糯玉米订单，产品连续10年出口美国、加拿大，在国内外市场享有盛誉。

在线上，借助网络平台，打造网红营销新模式。龙绿公司在天猫、拼多多等网络销售平台开设旗舰店。与天猫平台上的农业发展公司合作签订了70万穗合同。随着快手、抖音、淘宝直播等平台网红带货、直播销售的兴起，龙绿公司主动对接市场，寻求营销新渠道，开展直播带货销售，提高“龙玉美”品牌在电商平台上的影响力。

现如今，公司深入实施“181”战略，拥有种植基地5 000亩，通过“种植基地+龙头企业”模式，逐步构建起“产、购、储、加、销”一体化营销大格局，2020年计划生产加工糯玉米650万穗，使公司步入发展快车道。

“坚守＋未来”小玉米孕育大品牌

同心千载痴情盼，守得云开见月明。

龙镇农场有限公司董事长任传军感慨地说：“16年了，农场几任场长一直坚守着有机糯玉米产业，不管市场如何波动，我们保品质、拓市场，终于赢得了消费者和市场的回报。”现在，只要你来到龙镇农场，人们招待亲友吃饭，除了大鱼大肉和家常小菜，必不可少的一定是农场的特色产品——糯玉米，不论你是蒸着吃、炖着吃、烤着吃……总有一种吃法会让你品到小时候的味道。同时，龙绿公司延长产业链条，研发玉米粒、玉米须、玉米叶、玉米汁等糯玉米系列产品。如今，龙绿公司生产的“龙玉美”糯玉米为龙镇农场打出了一张靓丽的地方名片。

清晨，站在家乡的田埂上，沐浴着清新的空气，望着看不到边的有机玉米地，碧绿的颜色冲击着人们的视觉，一穗穗饱满的果实，宛若唐诗宋词里的韵律，款款走来。借助北大荒绿色大厨房的绝好发展机遇，相信在不远的将来，黑龙江龙绿食品有限公司将凭借一穗糯玉米走出农垦，走向世界，走向更美好的未来！

图说“BDCC”品牌故事

北京首农畜牧发展有限公司奶牛中心　杨超

“名牛丰碑”

——良种品质产民族品牌冻精，提产扶优育中华高产奶牛

有着近50年历史的北京首农畜牧发展有限公司奶牛中心种牛基地坐落在风景秀丽的延庆，这里蓝天碧树，生机熠熠。红顶白墙的牛舍前，绿草盈盈中，一座座石碑静静的记录着一个个优秀种公牛的故事。94107和94108号公牛是美国专家阳早协助选择和引入的美国名牛“黑星”之子，同卵双生的两兄弟累计生产冻精592230剂，后代遍布全国29个省份。其中11101682号公牛，终生产量545564剂，其纪录保持至今。

2001年以来，延庆基地培育的种公牛累计改良全国奶牛总数量超过1 800万头，推动我国奶牛单产从2000年不足3.0吨达到2018年的7.4吨，核心群单产也从7吨提高到11吨，为我国奶牛群遗传改良及牛群整体水平的提高起到了重要作用。

“龙”牛故事

——冠军牛肩重任续写丰功伟绩，克隆母体相聚共话“龙”牛传奇

2009年2月15日，种公牛“龙”的克隆体“大隆”与其体细胞供体“龙”在种公牛站实现了团聚。

“龙”（英文名：Crestomere Dragon，登记号7175748）是1999年4月朱镕基总理访问加拿大期间，由加拿大亚达遗传公司（ALTA）赠送的。“龙”牛遗传品质优良，母亲以最完美体型著称，曾获奶牛选美比赛世界冠军。2000

年4月，“龙”牛运抵中国后，农业部委托奶牛中心饲养并开展研究。到2009年3月底，“龙”牛共生产“BDCC”品牌优质冻精293 723剂，获得改良奶牛7万余头。

加拿大总理赠送“龙”牛　　朱镕基题词　　大隆（左）与“龙”牛

2003年2月，中国农业大学和北京奶牛中心针对“龙”牛，开展了利用体细胞克隆技术生产优质种公牛的研发工作。研究人员对“龙”牛进行了成功克隆并通过了国家公安部物证鉴定中心的克隆牛身份鉴定，2004年5月1日，朱镕基总理欣然为“龙”牛的最初两个克隆体分别冠名为“大隆”和“二隆”，并祝愿中国的克隆技术“兴隆”。次年该成果获北京市科学技术一等奖。

大数据时代的育种 3.0
——十六载两获国家科技奖，育牛人实现1.0升级3.0

2017年1月，奶牛中心作为主要单位参与的“中国荷斯坦牛基因组选择分子育种技术体系的建立与应用”获国家科技进步二等奖。追溯到16年前，同样是奶牛中心作为主要单位参与的“中国荷斯坦奶牛MOET育种体系的建立与实施”项目，也获得国家科技进步二等奖。时隔16年再获奶牛育种领域国家最高科技奖，实现了以后裔测定为核心的传统育种技术奶牛育种1.0，到基于现代繁殖技术的‘MOET’育种体系奶牛育种2.0，再到基于‘基因组’选择技术的育种体系即奶牛育种升级版3.0的发展。

两次获奖是一代代“BDCC”育种人的付出，是企业孜孜不倦的追求，引领中国奶牛育种产业的发展。

天路之约

——援藏三十余载下足绣花功夫，脚踏实地一心服务藏区牧民

奶牛中心援助拉萨牛奶公司、当雄牦牛冻精站和西藏农业综合开发黄改的历史可以追溯到30多年前。“黄牛改良和野血牦牛复壮家牦牛技术”是一项贴近百姓身边的基础性技术工作，为藏区农牧民通过养牛过上富裕的小康生活探索出一条可复制推广的新路。奶牛中心不仅提供设备技术、供应优质“BDCC”品牌冻精和胚胎，还先后派出3位技术骨干加入北京市援藏干部队伍，并每年派遣技术团队深入藏区服务。西藏“黄改”每年使用“BDCC”冻精产品仅占中心外调冻精的3%，但每年的技术服务力量却占到了30%。“黄改”服务已成为广受欢迎的政府公共产品之一，截至目前，累计黄牛改良200余万头，野血牦牛复壮家牦牛5 000余头。服务团队也成为北京市对口支援西藏整体行动中独具特色的一支。

现代育种服务全体系

——肩扛民族育种大旗拓展双服务体系，提升品牌影响力发挥行业引领作用

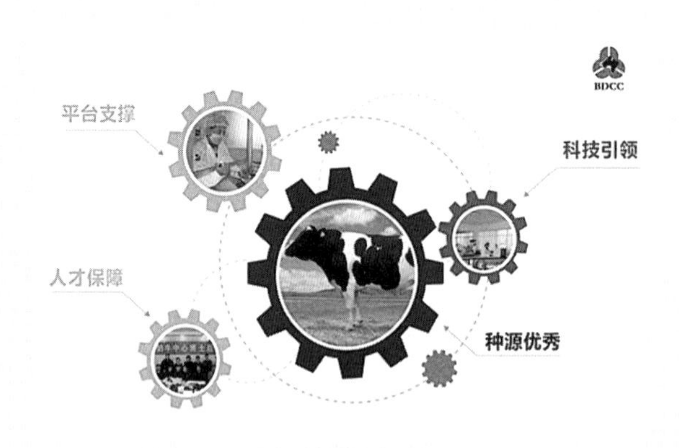

现代育种服务体系优势

近年来奶牛中心顺势转型，持续发挥国内奶牛育种和服务领军企业的优势，充分利用国家奶牛胚胎工程技术研究中心、农业农村部畜禽良种重点实

验室等国家级科研平台优势，致力于国内奶牛群体遗传改良，聚焦奶牛良种培育体系建设和奶牛社会化服务体系建设，亮点频频。

奶牛良种培育体系建设方面：在持续做好建设我国最大的优秀种公牛培育体系和我国第一个奶牛基因组选择评估体系的同时，2016年，联合首农畜牧等七家国内知名乳企成立奶牛育种自主创新联盟，覆盖核心优质奶牛养殖群体超过35万头，联合开展群体遗传改良、育种核心群选育、后裔测定、种牛遗传评估、大数据开发与应用等领域研究与应用，2020年1月10日，该联盟成功入选首批国家农业科技创新联盟标杆联盟。

2017年6月，中心通过完善的奶牛血统追溯及基因筛查体系，甄选出血统纯正的A2型奶牛，A2牛奶正式上市，比肩国际品质。2019年1月，中心通过Kappa-酪蛋白不同基因或蛋白质分型的特点，进行分型母牛蛋白质检测验证，探索开发选育、养殖及终端产品的创新模式。

奶牛社会化服务体系建设方面：该体系包括精准育种服务、繁殖包配、牧场托管、修蹄服务、冻精饲料兽药器械装备等产品保障以及乳品、营养、疾病、基因等检测服务。其中修蹄服务年均达到15万头次，包配托管业务覆盖规模化牧场18个近3万头，DHI检测年均4.5万头，覆盖55个规模化牧场。服务产品开发方面，除自主研发的修蹄车助力修蹄服务发展外，2017年7月，与源益农联合开发卧床垫料再生系统，为牧场环保问题提供金钥匙，目前国内市场占有率名列前茅。

“BDCC”，民族品牌，品质保证，国企担当，勇立新功。

一粒垦丰种　一颗品质心

北大荒垦丰种业股份有限公司　张淑艳

在中国现代化程度最高、综合生产能力最强的商品粮基地北大荒，崛起了一个现代化的种业公司——北大荒垦丰种业股份有限公司，它宛如一颗璀璨的明珠镶嵌在黑龙江这片神奇的土地上。

2020年中国品牌价值评价信息发布会的数据显示，北大荒垦丰种业股份有限公司企业品牌强度为856，品牌价值15.94亿元。是什么让垦丰种业获得如此高的品牌价值，请你走进北大荒垦丰种业股份有限公司，一起见证它的成长历程，感受它的传奇故事。

民以食为天，食以安为先，种子承担着国家粮食安全的使命。垦丰种业2001年脱胎于1976年成立的黑龙江农垦总局种子公司，历经改制、重组、合并，完成了由有限到股份制直至上市的艰苦历程。在此后的3年多的时间里，黑龙江农垦总局种子公司加强种子销售市场管理，发挥国有种子销售主渠道作用，种子销售覆盖了东北大部分地区。随着种子市场的放开，来自管理模式的改变和市场竞争方面的压力，种子公司优势逐渐丧失举步维艰。

2000年，《中华人民共和国种子法》颁布，总经理刘显辉抓住了这一难得的历史机遇，走家串户，一户一户地找，一家一家的做思想工作，腿走软了、嘴磨破了，感动了20多户种子经销商，有的把房子抵押了，有的借遍所有的亲戚拿出数万元血汗钱入股，其余由合并后九三种业公司控股形成黑龙江垦丰种业有限公司。随着植物新品种法颁布，原本以绥玉7号为主要经营单位的垦丰丧失了经营权，一夜之间垦丰再次陷入风雨飘摇之中。垦丰人没有放弃一切可以争取的机会，通过谈判，与绥化管理局达成协议，公司又获得了生存下去的机会，却举步维艰。没有经营场地，仓库积压着数万吨库存种子，九三经营管理又出现了重大问题。总经理刘显辉果断提出与九三合并，子公司收购了母公司。

时光荏苒，岁月流转。垦丰种业一步一步走向发展的快车道。2012年，黑龙江垦丰种业有限公司对黑龙江垦区种业业务进行了全面整合，整体变更为北大荒垦丰种业股份有限公司。同年公司完成股份制改造，经过三年的努力，2015年在中小板股转系统成功挂牌，当年利润将近5亿元。

二十多年来，垦丰种业创造了中国种业的传奇。垦丰人将情怀落地，用行动践行自己的努力。如今的垦丰种业依托北大荒集团，拥有4 300万亩粮食生产基地。作为一家集研发、生产、加工、销售、服务和进出口业务于一体，具有完整产业链、多作物经营的现代化大型国有控股种业公司，是中国种子行业首批AAA级信用企业、农业部首批32家“育繁推一体化”企业、农业部重点实验室、院士工作站、博士后研究工作站、国际ISTA会员单位。连续三次被评为全国种业信用骨干前三强企业，成为种业信用明星企业，也获得了品牌农业影响力“乡村振兴典范”、黑龙江省诚信企业等称号，“垦丰”商标被认定为中国驰名商标。目前垦丰种业正在打造“以商业化育种为核心的研发创新体系”“以全程质量控制为核心的生产加工体系”“以全方位终端服务为核心的市场营销体系”和“支持与服务型总部”的“3+1”体系。

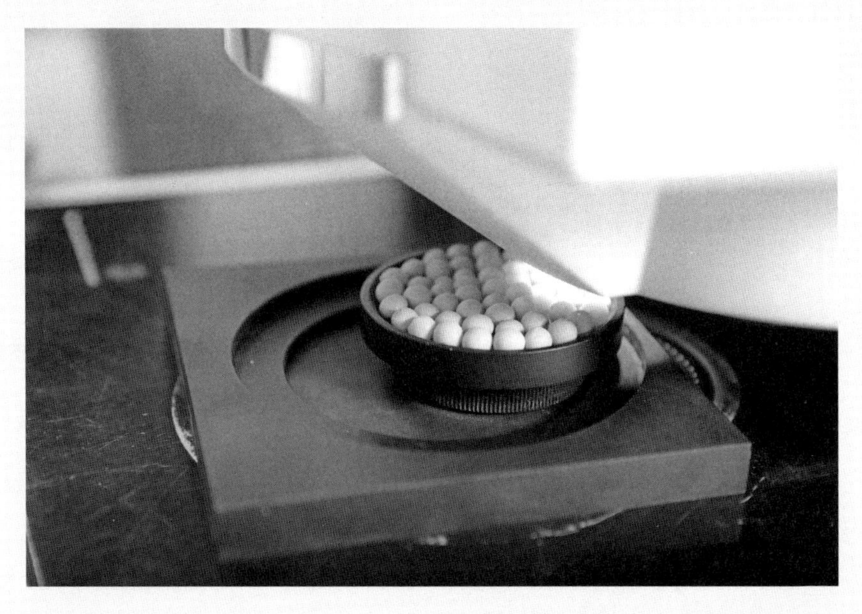

大豆品质分析

新时代铸就新辉煌，2016年投入使用的哈尔滨市宾西产业园中心，建设面积达一万三千平方米，致力打造具有生态性、智慧性、技术性和前瞻性的现代化种业园区。垦丰所有的业务线上化、管理流程化，在园区建设了上万个信息点位、多个智能终端、多套应用系统等。在研发大厦建设有种质资源库、种子处理及种子检测、分子辅助、转基因实验室。同时，公司还购置了世界一流种子处理、植物生理生化、植物病理实验室等设备，各类实验室条件达到国际一流的先进水平。

公司实行首席育种家制度，海外归来的“三剑客”支撑起育种家的核心团队，带领自己的团队构建了分子辅助育种、基因编辑、统计分析等多功能跨学科人才队伍。

田间试验

垦丰种业全面推进科企合作，“十二五”以来公司先后承担了国家及省部级课题多项。公司拥有自主审定品种200多个，近5年来累计审定玉米、水稻、大豆、小米等农作物新品种近百个。公司主营品种为德美亚系列玉米品种，“德美亚1号”连续三年被农业部推荐为北方早熟区主导玉米品种，德美亚系列玉米产品的审定与推广为黑龙江省从“产粮大省”向“产粮状元”进军做出了杰出的贡献，为中国市场和用户提供了优良的种子，解决了黑龙江省高寒地区种植业结构调整的难题。“一粒种，一颗心”，“好种子，新生活”，垦丰种业以精益求精，追求卓越的质量，以专业和敬业，从每一个环节和细节入手，给用户带来安心和放心。

2019年，公司的玉米种子、常规水稻种子销售收入位居全国第一，全国种子行业综合实力排名第二，世界种业排名第18位，供应全省近3 500万亩耕地用种，可年产粮食超2亿吨。

“粮安天下，种筑基石”，垦丰种业将继续以“国内领先、世界一流”的大型种业集团为目标，践行“科技与服务，创造美好生活”的企业使命，秉承“品行天下，质创未来”的经营理念，为我国种植者创造更多更大的价值。作为国有控股种子企业，垦丰种业有责任也有信心为实现“中国粮食，中国饭碗”的粮食安全目标而做出自己应有的努力和贡献。

说说内蒙古三河牛的故事

内蒙古谢尔塔拉农牧场　姜春利

从“老牛倌”的故事说起

1998年，我从谢尔塔拉种牛场宣传部工作岗位上退下来，想买一头奶牛饲养，一是自家喝牛奶方便，二是亲自体验三河牛的潜质有多大。因为我年轻时在牧业队大牛组工作8年，曾担任奶牛组组长，榨乳技术还算可以。

主管牧业的刘副场长挺支持这事，当场给我写了个批条。我拿着批条到场集约化饲养的十二队找队长，队长说现在没有可卖的牛，过些日子你再来吧。

大概过了十多天，我找个拉货的车去了十二队，当时队长不在，但可能事先交代过畜牧技术员，畜牧技术员就直接领我到犊牛舍。我看到两组犊牛：一组在栏杆里面趴着或站着的犊牛，大都体型好，身腰长，花片好，乳房均称；另一组有六七头在栏杆外散放着，毛色杂，花片不太好，奶头也小，相比前一组质量差一些。我提出：“从栏杆里面挑一头行吗？”畜牧技术员说：“这是场子挑选出来的种子牛，你只能在外面这几头牛里选，若相不中，过几天再来。”

我寻思了半天，好不容易找趟车，都来两趟了，就从外面挑一头算了。看有一头红白花牛乳头略大一点，就要这头吧。

把牛拉回到家，经我精心饲喂，长到18个月后牛发情配种。2000年第一胎日产牛奶均25公斤以上。到2004年1月25日产下第四胎，从第9天开始日产奶40公斤以上达64天，最高日产奶46.7公斤；2005年全年共产牛奶9 628.9公斤。一天3次榨乳，我都一一称量并登记奶账，奶账本现在还保存完好。截至2006年4月5日停奶，第4胎整个泌乳期共产奶11 305.5公斤。

我饲养的这头牛是在十二队挑剩下的三河牛犊牛群里买回家的，不难看出，只要饲养管理跟上，年产奶可达9吨以上。三河牛产奶大有潜力可挖，这是我通过亲自饲养得出的结论。

三河牛为啥这么“牛”

谢尔塔拉的三河牛早就成了知名牛种，是乳肉兼用，抗寒、耐粗饲、产奶多、乳脂率高的良种三河牛。据记载，谢尔塔拉种牛场的8144号母牛，1977年第五泌乳期（305天）的产奶量为7 702.5公斤，360天的产奶量为8 416.6公斤。

三河牛体格高大结实，姿势端正，四肢强健，乳房大小中等，毛色为红（黄）白花，花片分明，头白色，额部有白斑，四肢膝关节下部、腹部下方及尾尖为白色。三河牛产奶乳脂率高，尤其是红白花三河牛乳脂率在4%以上。

20世纪60年代，谢尔塔拉种牛场的成年公牛、育成公牛、育成母牛曾多批次出口越南、蒙古国等国家。2020年7月，呼伦贝尔农垦集团60头优良品种三河牛育成母牛装车远赴西藏，开启跨越5 000公里的安家之旅，这是三河牛首次进入3 650米高海拔地区。据不完全统计，自1955年建场至今，累计向兄弟省区和东南亚各国输送优良三河牛2万多头。

1959年，谢尔塔拉种牛场取得犊牛成活率100%、奶牛高产的好成绩，被评为自治区“上游标兵单位”。当年谢尔塔拉种牛场的模范挤奶工田洪来、哈德海参加了全国群英会，受到党和国家领导人亲切接见，并荣获了周恩来总理签发的“谢尔塔拉牧场三河牛育种工作取得显著成绩”奖状。

以谢尔塔拉种牛场和哈克的三河牛为核心牛群，经过国家农牧渔业部及自治区科委等部门长达3个年头的初审、中审、终审鉴定验收，各项指标均符合国家标准。1986年，内蒙古自治区政府正式命名“内蒙古三河牛”，当年9月，谢尔塔拉种牛场和所属的5个牧业队均荣获内蒙古自治区三河牛育种成果奖；主管牧业的副场长郭宗甲荣获“功臣”奖。

三河牛先后被批准实施农产品地理标志登记保护，并入选2019年第四批全国名特优新农产品名录。

牛年叫响“牛”招牌

近年来，呼伦贝尔农垦加大投资力度，对谢尔塔拉农牧场的三河牛良种繁育中心（第三牧场）进行技术改造，加强基础设施建设，建成内蒙古自治区一流的现代化采精厅和种公牛舍。在育种改良方面，购进纯种荷斯坦后备公牛和蒙贝利亚良种公牛，通过引进“外血”培养优秀的红白花后备种公牛。场育种站已正式升级为国家级种公牛站，良种公牛已被列为国家良种补贴种公牛。

谢尔塔拉农牧场还投资数千万元建设第一、第二牧场，倾心打造一流的集约化、标准化、现代化的花园式三河牛繁育基地；通过整合全场畜牧技术人员组成科技服务网络，加大畜牧业科技成果的转化推广，建设“统一繁育体系、统一品牌规划、统一选育方案、统一供应自产细管和液氮、统一引进高产优质冻精细管”的“五统一”三河牛繁育体系。

畜牧业转型升级、养殖模式改变、推进科技兴牧等措施，使谢尔塔拉农牧场三河牛质量和经济效益不断提高。“三河牛是谢尔塔拉农牧场和呼伦贝尔农垦叫得响的名优品牌，我们要再次把它打造成垦区的优质名片，进一步推进科技兴牧，把牧业做强做大。”谢尔塔拉农牧场党委书记兼场长刘爱荣说。农牧场建立完善三河牛育种档案，与内蒙古塞科星公司合作生产三河牛性控冻精，对所辖牧场实施性控配种；严格执行选种选配计划，加大引血改良力度等，使后备牛的质量不断提高。已向区内外销售三河牛冻精细管30 800支。

第二牧场转盘式挤奶厅

三河牛

为调动职工科学养牛的积极性，谢尔塔拉早在2011年就制定了产母犊三河牛的奖补政策。2012年，对637头三河牛母犊牛进行补贴，补贴资金12.74万元；2013年，对810头三河牛母犊牛进行补贴，补贴资金16.2万元。

为振兴奶业，呼伦贝尔市政府也出台了三河牛母犊牛奖补政策：在2019—2023年，当年采取人工授精技术新繁育的三河牛母犊牛，每头给予2 000元补贴；享受补贴的新生三河牛母犊牛4年内原则上不得出售到市域以外。

一粒米的前世今生

——红卫农场打造稻米产业品牌

黑龙江省红卫农场　陈国岭

河畔明珠，塞北江南。黑龙江垦区红卫农场拥有水稻种植面积54万余亩，其中优特水稻种植面积35万亩，占水稻种植面积的64%，绿色食品认证基地面积达45万亩，水稻产业成为农场的支柱产业。

走进红卫农场，公路的两边，分布着水稻催芽工厂、育秧基地、气象测定仪器、金属粮仓等智能化设备，呈现出一派现代科技的美丽画面。

精研“品种”确保稻米品质

红卫农场地域属于三江冲积平原，具有原生态湿地的特点。自然气候属于第五积温带，年均降雨量为556.9毫米，年平均气温2.4℃，年有效积温在2400℃左右，全年无霜期平均在135天,为生产优质水稻提供了得天独厚的自然条件。20世纪90年代，红卫农场以稻治涝开启了农业产业结构调整的新征程，自2003年起，连续16年保持水稻产业稳定增长、农户持续增收的好局面。

近年来，农场全力发展品牌稻米，把发展绿色高质高效稻米产业作为推进农场粮食高质量发展的重要突破口，突出抓好优良食味稻米品种开发，绿色生态技术集成，注重省工节本，加大智能化、机械化、一体化技术的推广应用。通过建设水稻产业示范园、稻米产业文化小镇等途径，发展品牌稻米，实现品牌溢价，促进一二三产融合和农户增收。

农场水稻主栽绥粳18、三江6号、糯稻龙粳57、龙粳31、龙粳65等优特品种，生产管理融合了工厂化智能集中育秧技术、农田激光平整技术、农田土壤高效培肥技术、种肥药一体化技术、智能监测管理技术等，其各个环节都力求优质、绿色、高效。

科普教育基地——红卫科技园区

新技术、新模式、新机具的不断创新和进步是推动农业发展的必要条件。据了解，2002年通过打造智慧农场，发展品牌稻米，开启“智慧田园”时代。

为稳定粮食产能，提高机械智能化水平。2020年，农场高标准农田和千亿斤产能工程建设投资3 315万元，补贴350万元，用于推广更新变量施肥插秧机、卫星平地机、抛秧机、水稻取样机、插秧机辅助直行系统等各类新型机械设备。重点实施总投资3.93亿元的青龙山灌区红卫项目区工程，完成6.1万亩改造区、3 000亩示范区及灌区附属配套工程建设。届时红卫农场水稻将实施江水灌溉。

农场水稻全面积实施“三减”措施，倡导“一基免追”施肥模式，其中侧深施肥应用面积达27万亩，占全场水稻种植面积的50%。

农场第一管理区科技示范户杨凤成、第三管理区种植户张翠菊使用微生物复合肥、有机肥替代化肥，全面积施用生物杀菌剂防治水稻稻瘟病和纹枯病。他们种植鸭稻100亩、蟹稻200亩，提升了米的品质，实现了一水两用、一地双收的效果。同时对耕地实施“黑土保护”行动，采取秸秆还田措施，提高耕地质量。这两天，他们一早就来到地里，上水、施肥、管理……忙得不亦乐乎。“这几天正值水稻苗返青期，得多上心打理。”杨凤成边忙边说。

讲好稻米故事打造红卫品牌

在红卫农场，“一粒米”能和文化巧妙联姻。2006年5月20日，黑龙江省农垦总局水稻专家徐一戎来农场考察，亲笔题写了“寒地超级稻之星”“向寒地超级稻进军”。此后，农场又吹响了“水稻生产专业场”的号角，开始挖掘、总结并呈现“红卫稻米”品牌的文化内涵，以北大荒精神为背景，以红卫人精神为底色，以“奉献营养，服务健康”为目标价值，以稻米文化为核心拍专题片，搞游览基地建设，这一系列举措开启了品牌铸就的征途。红卫农场深入挖掘“稻米文化”内涵，抓铁有痕地把“稻米文化”镌刻在这片黑土地上。

源自北大荒的“一粒米”底蕴厚重，精神丰富，魅力无穷。红卫农场以推动稻米产业发展、提升稻米文化品牌价值为目标的系列活动陆续展开，并开始叫响全国。

走进农场稻米文化展馆，一幅幅精美的照片、一段段简练的文字记录了农场20多年水稻产业发展的壮美历程和辉煌成就。多幅名家真迹珍藏于此。2006年8月17日，中国经济学界泰斗厉以宁教授为农场写道：万顷良田建设者，父辈俱是拓荒人。

红卫农场党委书记王满友说：“没有文化的企业没有后劲，更没有希望。文化这种软实力是一种更基础、更广泛、更深厚的自信，必将助推稻米产业走得更远、香得更浓。”

2019年，在第六届中俄博览会暨第三十届哈尔滨国际经济贸易洽谈会、绿色食品博览会、北大荒中国农垦食材交易会暨北大荒文化旅游节、小康龙江公益品牌发布会及展销会、建三江文化旅游商品大集上，全新的“长粒香”红卫大米品牌正式推出，迅速成为展馆里的“爆款”。随后的几个月，产品的销售额便突破20万元。加工的大米，四种包装、20吨销售一空。

2020年，红卫农场全面实施“红卫”品牌培育工程，充分借助“建三江”“乌苏里江”及“小康龙江”扶贫公益品牌优势，抢占市场先机，拓宽营销渠道。农场已与春华秋实科技集团有限公司、益海嘉里金龙鱼粮油食品股份有限公司达成意向性合作，计划签订加工订单5万吨、贸易订单5万吨。“私人订制”的背后折射出一个道理：品牌需要市场拉动，高品质米卖出高价格，再反哺农业，进而提高种植户的积极性。

红卫农场场长王凤龙深有感触地说：“农场企业化改革的重点是由行政思维转变为市场思维，我们要主动俯下身子、放下架子去闯市场、打品牌，讲好‘一粒米’的故事，塑造‘一粒米’的文化，做强‘一粒米’的产业，成就‘一粒米’的梦想。”

中国农垦特色品牌文化凝练

广东农工商职业技术学院 劳秀霞

中华民族优秀传统文化和民族精神，奠定了农垦品牌文化的历史文化基础；中国革命血与火的洗礼和伟大的革命精神，决定了农垦品牌文化的基因和色彩；改革开放的伟大实践和时代精神，为农垦品牌文化注入了新的元素，增强了农垦品牌文化的活力。深入挖掘、塑造、传达中国农垦品牌文化，也需在中国农垦丰富而深刻的社会历史渊源中寻求根基。

根据消费者的需求变化，以及中国农垦品牌文化的多样性，笔者认为，应区分国内、国外两个消费者群体，基于消费者特征，从不同角度传达中国农垦特色品牌文化。对于国内消费者，着重传达红色屯垦文化、责任安全文化、创新开放文化；对于国外消费者，着重传达中国传统农耕文化、中国农垦现代农业科技文化。

面向国内消费者的农垦品牌文化凝练

红色屯垦文化。自西汉以来，屯田垦荒就是我国历代政府开发边疆和巩固国防的一项重大国策。习近平总书记在视察新疆生产建设兵团时指出："屯垦兴，则西域兴；屯垦废，则西域乱。"我国历朝历代的屯垦、特别是军屯对维护边疆稳定、促进民族团结发挥了极其重要的作用。数以万计的屯垦将士离家千里，在条件艰苦、环境复杂、充满危险的边塞地区为国家建功立业，他们的屯垦戍边活动本身就包含着巨大的精神文化价值。历史上流传下来的西出阳关、立功边塞、马革裹尸等诗词文章千古传颂，体现和赞扬了屯垦将士自立自强、吃苦耐劳、报效国家的精神、意志和行为。这是一种具有继承性的精神价值资源，它以独特的传承方式和传承路径支撑着屯垦戍边成为延续两千多年的重要历史活动。

中国农垦从南泥湾走来，现代屯垦戍边的各大垦区的创业精神基本上都以南泥湾精神为蓝本，包括“热爱祖国、无私奉献、艰苦奋斗、开拓进取”的兵团精神，“艰苦奋斗、勇于开拓、顾全大局、无私奉献”的北大荒精神等。江苏农垦的农建四师暨淮海农场历史陈列馆内，那些陈旧的图片、斑驳的实物、翔实的图文资料和有丰富内涵的雕塑，真实地反映了江苏的军垦精神和农建四师的军垦文化。“仇大筐”和“江大锹”现场对决的生产雕像，一锹能挖100斤泥，一肩能挑400斤的担子，让参观者无不惊叹。“生根、立足、建场”“三大战役”场景和互动区内人拉手推肩扛的情景再现，无不彰显着军垦将士在荒凉草滩上以“一人一张半芦席，一把大锹一杆枪，喝咸水，睡地铺”创造出的“艰苦创业、不怕困难、团结奋斗、无私奉献”的农建四师精神。

责任安全文化。责任是中国农垦的立垦之基，保障国家粮食安全则是中国农垦的使命所在。作为中国现代农业的国家队和排头兵，中国农垦坚定不移地以“保障国家粮食战略安全与农产品质量安全，引领中国现代农业发展”为己任，服务“中国粮食，中国饭碗”战略需求，始终将饭碗牢牢端在自己手里，形成了中国农垦特有的责任安全文化。

革命战争时期，为解决解放区的粮食短缺问题，八路军120师359旅，在王震旅长的领导下，响应毛泽东主席“自己动手、丰衣足食”的号召，开展了著名的南泥湾大生产运动，把荒无人烟的“烂泥湾”改造成了田间葱郁、牛羊成群的“陕北好江南”，树立了“自己动手、丰衣足食”的标杆，保障了解放区的粮食供给。

社会主义建设时期，为保障国家粮食安全、支援国家建设以及维护边疆稳定，中国农垦以成建制的人民解放军转业官兵为骨干，吸收大批城镇知识青年和移民，以及科技人员，组成产业大军，发扬自力更生、艰苦奋斗的革命精神，在祖国的边疆和内地的亘古荒原上，创建了众多国营农场。经过半个世纪的努力，在西北，辽阔的新疆土地瓜果飘香；在东北，黑油油的北大仓已成为中国粮仓；在华南，突破了北纬17°以上不能种橡胶的禁区。建立起了中国自己的橡胶生产基地。

国家发生重大灾害的时候，中国农垦将完成国家指令放在首位，充分发挥抓得住、调得动、应得急的国家队作用，为保障大局稳定做出了突出贡献。2003年“非典”时期，在没有其他省市能够承担的情况下，黑龙江垦区接下了供应北京市场粮食的重任，使陷入抢购风潮的北京安定了下来。2008年春，冰雪灾害期间，宁夏垦区肩负起当地城市的菜篮子供需，让受灾的市民安然度过了大灾之年。2020年举国上下抗击新冠肺炎疫情期间，各个垦区保障农产品供应、稳定农产品市场，以行动书写国家队担当。

示范引领文化。中国农垦着力打造中国现代农业的大基地、大企业、大产业，已建成一批具有国际先进水平的大型优质农产品生产基地，初步形成了优势明显的现代农业产业体系。北大荒集团的米、面、油、肉、乳、薯、种等支柱产业，已形成从田间到餐桌的完整产业链条。北大荒集团位列中国企业500强第161位，“北大荒”品牌位列《亚洲品牌500强》第95位，领跑中国和亚洲农业类品牌。

各地农垦在先进适用农业科技成果推广、农机作业、良种良畜、农民技能培训和农业服务等方面起到了很好的示范引领作用。特别是近年来，农垦以现代农业示范区为窗口，通过科技服务、辐射供种、跨区作业、产业联结等形式，全面展示先进技术和标准化生产、产业化运作、可持续发展新模式，辐射带动了周边农村的发展，为乡村振兴贡献农垦力量。

围绕农业新技术、新装备和生产经营新模式的试验示范，农垦开展了多种形式的社会化服务，通过土地托管、代耕代种代收、技术承包、科技培训、农业投入品、储藏销售等多种形式，形成与农村各类农业经营主体的利益联结机制，延伸社会化服务实施广度和参与深度，强化农垦带动能力。

面向国外消费者的农垦品牌文化凝练

作为“中国现代农业的国家名片”，中国农垦需要向海外消费者展示中国传统农耕文化的源远流长，以及中国现代农业的先进发达，最终让海外消费者以中国农垦为窗口，全面、真实地认知中国现代农业。为此需从两方面入手，进行面向海外消费者的中国农垦品牌文化凝练。

中国传统农耕文化。中国农耕文化包含着丰富的人文精神与和谐理念，是中国劳动人民在几千年的生产实践和生活实践中积淀下来的巨大财富。中国农耕文化的哲学意蕴可概括为“应时、取宜、守则、和谐”八个字；中国农耕文化的时空特征主要表现为地域多样性、民族多元性、历史延续性和乡土普世性；这些特性都深深体现在中国农垦的品牌文化之中，也是国外消费者深感兴趣的地方。

传统农耕文化二十四节气在品牌文化设计中的应用

视频博主李子柒引起了海内外的高度关注，李子柒的视频以中国传统美食文化为主线，围绕中国农家的衣食住行展开。截至2019年12月5日，李子柒在YouTube上的粉丝数是735万，而且这个数字还在飞速增长中。美国影响力最大媒体之一，可能也是全球影响力最大媒体之一的CNN，在YouTube上也只有792万粉丝。李子柒几乎每一个视频的播放量都在500万以上。

李子柒的视频展现了中国源远流长的传统农耕文化，其核心是中华民族利用现有自然资源自给自足的伟大创造和坚韧不拔的精神。在李子柒的视频中，你能看到那种田园牧歌式的美好生活，而这种理想生活，常常被古今中外的文人雅士提起。在陶渊明笔下，这是“黄发垂髫，并怡然自乐”的桃花源。在索罗笔下，这是“托身森林、不染声色的人，是不会忧郁结滞的”的瓦尔登湖。

李子柒关于中国传统农耕文化的展示可以帮助西方普通人认识到中国人有着高洁的文化和源远流长的历史，甚至可以吸引外国人来中国旅游，学习中国文化，消除许多不必要的误解。在李子柒的视频评论区里，外国人说：“她在重新向全世界介绍，被我们忘记的那些中国文化、艺术和智慧。”“她正在教我们认识我们不了解的中国。”

中国现代农业科技文化。中国不仅拥有源远流长的农耕文明，更有先进的现代农业科技文化，中国农垦作为中国现代农业的国家名片，需要向海外消费者传达中国农业先进科技文化，让海外消费者全面、准确地认知中国农业。

中国农垦不断包容创新，以开放的姿态不断整合资源、产业、市场力量，以前瞻视野与创造性思维，持续不断为中国现代农业与社会创造价值。包括充分利用国内国外两个市场，多种资本方式，进行科技创新、价值创新、模式创新。例如广东农垦走出国门，统筹利用好“两个市场、两种资源”，与橡胶主产国合作，建立内外互补、相互协同、长期稳定的现代化国际化天然橡胶产业体系。同时，农垦农业科研基础雄厚，目前全国农垦系统有科研单位368个，从事农业科研人员共39 755人。科研成果丰厚，如中国荷斯坦奶牛MOET育种体系的建立与实施，能够快速经济地培育良种公牛和高产母牛，达到了国际先进水平；主要农作物病虫害防治航空作业技术和农业航空技术规程，填补了国内技术空白。农垦系统已形成以农场农业技术人员为主体，集生产管理、技术推广服务和部分行业管理职能为一体，具有农垦特色的农技推广服务体系。

部分农垦企业已成为行业内的佼佼者，一些有竞争力的全国知名品牌也广为社会熟知。光明、北大荒、首农、广垦、海胶等实力雄厚的集团化企业成为农垦发展的中流砥柱；光明、三元稳居国内乳业前五强，北大荒米业、九三粮油、上海良友、苏垦米业位列国内粮油行业前50强，海胶集团、广垦橡胶在天然橡胶领域稳居前列；畜牧品中的黑六、永新源、贺兰山、三元金星，加工食品中的王朝、莫高、西夏王、双大，以及水产中的三峡鱼、光合蟹业、辽霸、水王等均在各自行业发挥着重要影响力。这些品牌构成的矩阵铸就了“中国农垦”品牌建设的坚实基础。

在国家“一带一路”倡议背景下，我国农业“走出去”的重要一环就是代表中国现代农业的企业品牌为国外消费者所熟知，代表中国现代农业科技文化的企业文化得到国外消费者认可和接纳。因此，凝练并向国外消费者传达中国现代农业科技文化，对中国农垦品牌文化建设具有重要意义。

追求卓越品质 缔造“灵农”品牌

宁夏农垦灵农畜牧有限公司 张明林

宽敞明亮的屠宰车间，现代化的生猪屠宰流水线，工人们熟练地进行各项操作，加工后的生猪胴体有序吊挂进入冷却排酸库内。

这是现代化的“灵农”肉联厂内的场景，这是“灵农”几十年来发展成就的缩影。

1952年宁夏农垦灵武农场建场之初，为了解决农场职工肉食供应，农场成立了直属畜牧队，从市场上购买当地土种猪和一批架子猪饲养。1953年农场引进2头苏联大白猪，进行杂交改良猪试验。1955年农场养猪业共生产413头肥猪，由农场各站负责饲养，育肥后在猪场直接屠宰供职工自食。1956年伴随国家生猪统一收购政策的施行，农场生猪生产数量继续增长，当年农场生产1 226头肥猪，活重10万公斤，其中上交890头，活重7万公斤，占生产头数的72%。1959年，农场向苏联首次出口肥猪520头。

20世纪70年代，农场居民实行凭票定量供应猪肉，每人每月1斤肉，当时生猪屠宰条件简陋。1952—1979年，农场共生产肥猪96 193头，其中上交72 078头，占生产总量的74%，自食（散卖活猪）占26%。

1979年，农场在银川搭建铁皮活动房，开设营业点销售猪肉，这是农场产供销一条龙综合经营的大胆尝试。由农场汽车队专门配送猪肉，每天销售10多头生猪，很受银川市民欢迎。

伴随着销售数量及利润的增长，1981年农场在银川市又新增一个销售点。当时猪肉销售的方法是：先开票，顾客凭票买肉，下班结账清点肉票、监督销毁当日肉票。猪肉不分肥瘦带骨，统一价格销售。从1979年开始的2个网点，至1986年逐步发展到7个网点，管理、屠宰、销售人员已达到20多人。

至此，第一代灵农人为了让银川市民吃到农场新鲜放心猪肉，蹚出了产供销一条龙综合经营的路子。

1989年，为推动瘦肉型猪科研成果转化，宁夏农垦科研所与灵武农场合作在银川市开设了第一家瘦肉型猪肉销售点，实行剔骨肉及分部位肉的销售方式，丰富了肉品种特色的同时做到了不同部位合理定价，该方式深受消费者的欢迎。1992年，农场猪肉全部改为剔骨分段分部位销售的新方式，结束了一刀砍带骨的猪肉销售方式。1997年，企业从青岛购置了一辆冷藏车，开启了灵农猪肉的冷链配送。

1991年4月，自治区放开猪肉价格，开启了农场自主定价销售猪肉的新阶段。当年农场投资166.3万元，在银川市购置17套营业房用于猪肉连锁销售，灵农鲜猪肉销售网络系统至此基本形成。

随着农场养猪产业化经营进程的不断推进，市场对肉品消费需求量的增加，对食品卫生要求不断提高，1997年，新建单班屠宰200头、冷贮鲜肉50吨的中型肉联厂，总投资356.7万元。新建的屠宰场于1998年投入使用，并挂牌为“灵武农场肉联厂”。为了进一步做强做大“灵农”畜牧产业，公司成功注册了“灵农”牌商标，并对连锁店采取“五统一”要求。“灵农”鲜猪肉，成为了西北地区第一家具有自主商标的品牌猪肉产品，在商标注册及广告宣传的助推下，“灵农”猪肉很快成为了家喻户晓的安全“放心肉”产品，肉联厂被自治区人民政府定为生猪定点屠宰厂。

2000年，宁夏灵农畜牧发展有限公司正式成立。2001年，灵农畜牧公司对“灵农”品牌、企业形象、企业发展进行全面策划宣传。2003年，“灵农”鲜猪肉开启超市专营柜台销售。2004年，超市销售量已占总量的50%以上，公司灵农销售网点增至33个。2004年，灵农畜牧开始承担中央储备肉9万头活猪储备任务。

2008年，“灵农”猪肉完成无公害农产品和HACCP质量认证，2009年被农业部农垦局确立实施农产品质量追溯体系建设，灵农猪肉成为西北地区首个实施猪肉产品质量可追溯产品，实现了“灵农”生猪养殖、饲料加工、生猪屠宰、肉品销售全程的农产品质量追溯体系建设，实现了“灵农”牌猪肉从农田到餐桌的全程质量控制与追溯，进一步树立了“灵农”品牌的良好形象，提高企业的竞争力。

灵农肉联厂

2010年，由于灵武市城市西扩，宁夏农垦“灵农”肉联厂搬迁新建，设计规模为AAA级，年屠宰生猪20万头。该厂全部采用自动化流水线生猪屠宰及分割线，结束了以往灵农生猪屠宰的人工作业，开启了灵农猪肉产品规模化自动化批量生产的时代。

在新冠肺炎疫情防控阻击战中，灵农畜牧公司员工严格执行落实公司制定的各项防控疫情工作措施，在打赢疫情防控阻击战中主动履职，顺利完成疫情期间保障供给任务。

回顾几十年的风雨历程，灵农畜牧有限公司始终把保障市场猪肉供给、平抑物价、满足消费者对安全、放心肉的需求做为自已的担当，同时促进了农场及周边营养猪业的经济发展，充分发挥了龙头企业的带动作用。企业已发展成自治区农业产业化重点龙头企业和优质瘦肉型猪生产骨干企业，农业部国家优质无公害生猪养殖示范场，商务部中央储备肉生猪活体储备企业和自治区商务厅流通行业重点联系企业。主打产品“灵农”牌鲜猪肉先后荣获“无公害农产品认证”，以及“宁夏地产品牌放心食品”“中国市场放心产品”“宁夏著名商标”等荣誉。

憨婶的北大荒情缘

河南省作家协会　马冬生

三十多年前，已过而立之年的憨叔从东北闯荡回来，领了一个如花似玉的姑娘。姑娘娇羞地低着头，在乡亲们的啧啧声中，扭扭捏捏地迈进了憨叔家。可是，当她看到憨叔穷得只有一间残破不堪的土坯房时，心凉了，转身就走。憨叔泪流满面，死死地拽住姑娘，哀求她留下。乡亲们也都好言相劝道："穷无根，富无苗。只要人勤快，啥都会有的。"姑娘看着可怜的憨叔，听着大家的劝说，心软了，扭头进了屋。从此，憨叔有了媳妇，我们有了"憨婶"。

憨婶是东北黑龙江人，性格豪爽，做事麻利，整天像个女汉子一样风风火火。她带领憨叔，买来石磨，支起大锅，在家做豆腐生意。傍晚时分，憨婶挑着两个白皮铁桶，大步流星地跑到山泉边挑水。挑满一缸后，她开始泡豆。憨婶用的黄豆，从不就地取材，而是选自遥远的北大荒。人们都笑她傻，不计成本。憨婶却一本正经地说："我既然做豆腐，就一定要做出个名堂。我们的北大荒，土地肥得冒油。种植的黄豆，颗粒饱满圆润，色泽光滑亮丽，做出的豆腐自然好吃又好看，不愁卖啊！"憨婶一席话，让乡亲们顿时对她做的豆腐充满期待。

半夜三更，憨婶就开始推磨。嗡嗡的石磨声，把我从睡梦中惊醒。我一骨碌从床上爬起来，撒拉着鞋跑到院子里看憨婶做豆腐。只见一粒粒鼓胀的黄豆在石磨中间打转，磨盘下哗哗流淌着乳白色的豆浆。憨婶将这些豆浆倒进一个纱布包，使劲抖动、挤压，过滤出豆渣和泡沫后，再把它们倒进一口大锅，用柴草烧火煮。我蹲在憨婶旁边，被烟呛得直咳嗽，小脸熏得像花瓜一样，仍舍不得离开。锅里泛起白色的泡沫，眼看要溢出来了，憨婶赶紧将卤水慢慢顺进锅里，这也就是俗称的"点浆"。点浆是个技术活，少了豆腐嫩，不成型；多了豆腐老，影响口感和产量。憨婶小心翼翼地点了五六次，冒泡的豆浆才安分起来，乖乖地凝结成白如玉、嫩如脂的豆腐脑。我想，歇后语“卤水点豆腐，一物降一物”便是由此而来的吧。

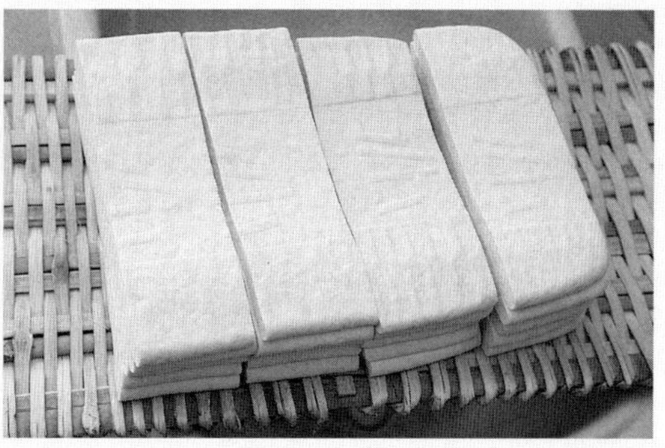

北大荒大豆和豆腐

扑鼻的豆香，白嫩的豆腐脑，把我诱惑得抓耳挠腮，不停地舔嘴唇。憨婶赶快盛一碗豆腐脑让我解馋。俗话说：“心急吃不了热豆腐，性急喝不了热稀粥。”可我顾不得这些，端起豆腐脑就狠狠吞了一大口，结果被烫得龇牙咧嘴，连蹦带跳，还没来得及细细品味，就已梗着脖子让它一囫囵进了肚。虽然没能品出豆腐脑的味道，可那细腻嫩滑的感觉，直到现在我仍记忆犹新。

憨婶把豆腐脑倒进一个铺着白布的正方形木制磨具里，压成豆腐，然后蹬着三轮车，带到大街上叫卖。当憨婶扯开嗓子，脆生生地将“东北豆腐”四个字一喊出口，人们便端着碗，拿着盆，像赶集一样涌来。憨婶不紧不慢，先给围在她身边的小孩每人切一块，打发他们去一边吃，然后再按照顺序，一个一个来。憨婶秤豆腐时，秤杆的一头总是高高翘起，人们夸她实诚，憨婶却笑着说：“秤是人心！糊弄顾客，只会自断财路。”憨婶做的豆腐也如她的人品一样好，不仅质地细腻，富有弹性，而且除了浓浓的豆香，再无其他异味。不知不觉，憨婶的东北豆腐已是家喻户晓，名扬四方。诚信善良的憨婶还赢得了“豆腐西施”的美誉。

我在东北豆腐的滋养下渐渐长大，也从憨婶对故乡的怀念和赞叹声中，了解到昔日的北大荒曾是一片荆莽丛生，沼泽遍布，风雪肆虐，野兽成群的蛮荒之地。后来，在党和国家的号召下，数万名解放军复员官兵、知识青年和革命干部，怀着保卫边疆、建设边疆的豪情壮志，用“艰苦奋斗、勇于开拓、顾全大局、无私奉献”的北大荒精神，征服了这片桀骜不驯的黑土地，实现了从“北大荒”到“北大仓”的历史性巨变。北大荒，可谓是“诞生于解甲归田，发展于筚路蓝缕，壮大于不断进取”。而从北大荒走出来的憨婶，不知不觉中把这种精神和品质展现得淋漓尽致，让我不得不对她心生敬意。

“要健康，就用北大荒。”如今的“北大荒”，已不仅是个地域名词，还是中国农业第一品牌，不仅代表着绿色、优质，还代表着责任和使命。尤其是近几年，安全而健康的北大荒农产品格外受人青睐。头脑灵活的憨婶马上看到了商机，在村里开了一家“北大荒”粮油店，专卖北大荒集团的绿色健康食品。憨婶常常身处店中，意味深长地说：“我闻着北大荒农产品散发出来的香味，就如同闻到了故乡的味道，见到了家乡的亲人一样。”是啊！在我们眼里，北大荒的农产品也许只是一种能让我们买得放心，吃得安心的食品而已。可是，在憨婶的心目中，那一粒粒、一个个、一包包洋溢着黑土地清香的农产品，都是她抹不去的乡愁，寄托着她对故乡的思念，延续着她与故乡深深的情缘啊！

匠心种柑橘　恒心树品牌

广西农垦明阳农场有限公司　蒙大安

广西农垦明阳农场有限公司创建的“向阳红沃柑产业核心示范园区”，是全国首家、广西第一个荣获农业部授予的沃柑标准化生产示范园的单位，先后被评为广西现代特色农业（核心）五星级示范区、国家3A级旅游景区、广西最美休闲农业庄园。

每年1月至4月，示范园区内金灿灿的沃柑挂满枝头，红与绿，果与叶，辛勤与收获，让这片热土变得朝气蓬勃。沃柑已成为职工增收致富的现代特色农业产业，被职工欣慰地称之为“向阳红”。结合“向阳红”旭日东升和阳光健康的寓意，明阳农场公司创建了“沃之王向阳红”品牌。

匠心种柑橘，恒心树品牌。经过多年的努力，明阳农场公司通过生态化提质、标准化生产、品牌化打造、集群化延伸、电商快车销售等措施，发展壮大沃柑产业，形成了“标准种植—商品化处理—品牌化销售”的产业链。目前，公司沃柑种植面积近7 000亩，年产沃柑2万吨左右，出产的“沃之王向阳红”品牌沃柑口感鲜美香甜，品质上乘，广受市场欢迎。

向阳红沃柑产业核心示范园区

以调优农业产业结构为抓手，做产品、创品牌

明阳农场公司的柑橘种植可追溯到20世纪50年代的农场建设初期，至今已有 60 多年的柑橘种植历史，先后种植过温州蜜柑、椪柑、蕉柑、四维柑等多个品种。20世纪80年代，正值农场柑橘种植顶峰时期，柑橘产值占到农场农业总产值近50%。但随后因暴发柑橘黄龙病，柑橘面积逐年下降，后来基本被其他作物替代。

2012年，农场开始着力调整优化农业产业结构，经过多方考察和引进试种后，决定发展以种植沃柑为主的“向阳红沃柑产业园”项目，按照规模化、标准化建设了目前广西连片种植面积最大的向阳红沃柑生产示范基地。该示范园区地处南宁市南部，光热充足、雨量充沛，气候温暖，夏长冬短，年平均温度在 22℃左右，冬季平均温度 10℃左右；夏季平均温度在 29℃左右，是沃柑种植最佳区域。通过统一生产技术和管理标准，加大投入，在全国首创沃柑实现“两年挂果”的“明阳速度”。

沃柑采收

依托优质产品打响产品品牌，2017年农场公司注册了“沃之王向阳红”品牌商标，并制定品牌建设方案、建立品牌管理制度、设计系列品牌包装、搭建线上线下推广渠道，全力推进农业产业化经营和品牌化建设，拓宽农产品销售渠道。品牌建设促进了沃柑产业种、产、销一体化综合经营水平，实现了企业增效、职工增收，也带动了农场周边农村、农民发展沃柑种植致富。

以科技创新和技术推广为动能，强品质、推品牌

明阳农场公司十分重视农业科技在柑橘生产中的推广应用与创新。

一是强化产学研合作。先后与广西大学、广西特色作物研究院、广西职业技术学院等开展全方位合作，在向阳红沃柑核心产业示范园建立了实验基地、实训基地、产业技术实验室等，推进产、学、研融合发展。通过整合利用科技资源，聚集培养科技创新人才，提升科技服务水平，提高自主创新能力和推进平台建设，为产业发展、品牌打造提供源源不断的创新动能。

二是加大科技投入和研发力度。通过实施沃柑高效技术研究与产业开发、沃柑大棚栽培技术研究与示范等项目，推进沃柑生产关键技术的研究、示范和创新，集成应用水肥一体化配套技术、无公害生态栽培技术、现代设施农业技术、果园生态种养技术、测土配方施肥技术、病虫害绿色防控技术、采后智能化商品化处理等高效沃柑综合技术，建成全国沃柑平均株产、亩产最高，投产最早，品质最优，连片种植规模最大、设施配套最完善、综合技术最高的明阳向阳红沃柑核心产业示范园，促进了公司柑橘产业结构的优化和生产水平提高，增强了“沃之王向阳红”沃柑品牌市场竞争力。

以农产品质量安全为保障，夯实品牌建设基础

“向阳红”沃柑产业园有集成配套的农业科技加持，对向阳红沃柑进行全天候保姆式管理，严格按照无公害、绿色农产品标准而生产，从种植源头严把产品质量安全关。

一是以标准引领质量发展。推进柑橘无公害生产技术标准普及，结合实

际制订农场柑橘生产技术规程标准，推广职工一看就懂、一学就会、一用就见效的标准化技术，全面开展柑橘标准化生产。

二是开展绿色生产。推行柑橘病虫害统防统治，科学施用农药和化肥，推广应用变频式诱杀虫灯防虫技术、智能化柑橘农业气象预报预测技术、测土配方施肥技术、柑橘防虫网栽培大棚防控黄龙病技术、增施有机肥提升土壤有机质技术、生态养鹅除草技术等，促进减药控肥，实现绿色生产。

三是开展农产品质量追溯项目建设。以实施全国农垦农产品质量追溯体系建设项目为契机，抓产前源头控制、产中过程监管，实现沃柑产品的全程质量可追溯。向阳红沃柑先后获绿色农产品认证、富硒农产品认证、无公害农产品认证、无公害产地认证、出口备案基地认证，在自治区内外各大展销会、电商销售平台等受到了众多客户的肯定。

砥砺奋进三十载 深耕细作笃前行

北京市双桥农场有限公司　张新梅

艰苦奋斗勇创业

北京立时达药业有限公司原名北京市兽药厂，成立于1987年11月，前身为北京市双桥针织服装厂。

1984年4月，铁道兵转业的赵振明临危受命，来到双桥针织厂担任厂长。这之前，组织上曾多次派来厂长，面对这样一个杂草丛生、破败不堪、负债累累、人心涣散的企业，前任们都没呆多久，甚至看一眼就走了。赵振明来了，他的心也被这里的场景深深地刺痛了，他决心带领这里的职工们一同寻找出路，走出困境。

他与职工并肩战斗，搞调研，找项目。几经周折，当发现兽药生产的发展远远落后于日益壮大的养殖业时，他探索的眼光终于停在了兽药加工项目上，决定转产做兽药，先从化工做起。想法得到上级的支持后，他便开始了艰苦的创业。企业转产，一切从头开始。他亲自跑贷款、跑设备、跑各项手续，没日没夜，给他开车的司机都累跑了好几个。从图纸设计到建筑施工，从设备安装到产品调试，以及打马路、修锅炉、栽树、种草等工作，他总是带头干，几十年如一日。

他深知：做药品必须要懂药学知识。没有制药方面的专业人才，就聘请一些制药行业的退休老专家。请他们来帮着搞产品开发和工艺创新，还为职工授课，手把手教职工做实验、搞计算。他带头学习化工、无机化学、有机化学、药物合成和药物制剂等知识，在厂里掀起学习热潮。日复一日，他自己也一步一步从门外汉成为行家里手。创业是艰苦的，资金紧缺，一分钱恨不能掰成两半用，但员工们人手都备有一把铁锹，自己动手，丰衣足食，凡是能自己完成的，从不外请人。无论严冬酷暑，有活说干就干，不仅节省了资金，还锻造出一支精兵强将。

1987年8月，北京市兽药厂正式成立，当年就摘掉亏损的帽子，销售收入72万元，盈利5.1万元。

开拓创新谱新篇

建设改造持续进行，企业面貌一新：1995年厂区布局合理，绿化率超过30%，连续多年被评为“花园式”单位。

20世纪90年代，北京市兽药厂是北京地区唯一一家兽药生产企业，也是华北地区规模最大、剂型最丰富的兽药企业之一，为北京及周边养殖业的快速发展提供了坚强保障，为首都“菜篮子、米袋子、奶瓶子、肉案子”民生工程提供了有力支持，得到了上级公司及农业部的认可。

“立时达”是赵振明亲自为企业设计的产品商标，寓意为：药到病除。公司于1989年申请并取得了注册商标。

“立时达”品牌荣获首届亿万农村消费者信得过产品金奖，企业也被中国动保协会和中国消协评为“产品质量信得过单位”，许多单项产品也多次获奖：“痢菌净”和“球威-25”分获首届中国农业博览会银、铜奖；“球痢灵”生产技术获北京市科技进步一等奖；“北京维他”被中国动物保健品协会推荐为优质产品；100多个兽药品种中，有30多种产品被列入“国家星火计划”；企业顺利地通过了国家科委组织的“星火计划”验收。

自己摸索、走出困境，企业的干部职工也明白了一条真理：企业要发展，产业要升级，唯有科技兴企。核心是持续培养科技人才，实施人才战略，“引进”和“培养”相结合，一方面，把干部职工送出去学习，另一方面积极招揽专业人才，聘请经验丰富的高级工程师搞科研，招收高校毕业生，让他们发挥特长、施展才能。产品研发、工艺改造随之取得突破性进展，竞争力显著增强。

“艰苦奋斗、勤俭节约”的优良传统在立时达薪火相传，领导干部“攻坚克难敢担当、身先士卒做表率”的精神之火不灭。2000年4月，公司党支部书记、总经理赵振明被评为“北京市劳动模范”。

2000年3月，经北京市改制中心批准，企业正式更名为北京立时达药业有限公司，注册资金832万元人民币。

2002年12月，改造后的水针剂、粉针剂生产车间顺利地通过了农业部兽药GMP验收，成为国内最早的GMP合格车间。一年后，公司的粉剂、散剂、预混剂、消毒剂、灌注剂等其余几个剂型也通过GMP验收。

公司于2006年投建了大输液生产车间，当年10月顺利地通过了GMP验收，实现了当年投建、当年通过验收并投产，及时弥补了华北市场的空缺，极大地带动和促进了其他剂型产品的销售。

公司对奶牛药的研发始终保持行业领先地位，奶牛用系列药物荣获了“北京市科学技术进步奖”。公司被评为中国动保行业50强，2001年被市科委评为“星火科技先导型示范企业”，企业在连续多年的行业抽检中均获“产品质量信得过单位”荣誉称号，研发组被市总工会评为技术创新工程优秀班组。

扬帆起航再出发

立时达人坚守“产品质量就是企业生命线”的理念，严格执行兽药GMP。对兽药生产全过程进行质量管理和控制，公司、车间、班组三级质量保证体系健全，做到不合格的原辅材料不投入生产、不合格的中间体不流入下一工序、不合格的成品不出厂。

2016年公司新建了最终灭菌大容量非静脉注射剂车间并顺利通过验收；2018年4月全部剂型再次顺利通过GMP复验。公司于2013年成功加入国家奶牛“金钥匙”技术示范工程，成功走出了一条以品牌提升带动和促进销售增长的新途径。

公司于2019年获得北京市科委授予的“高新技术企业”荣誉称号。公司与中国饲料研究所合作开发的奶牛乳房炎新药——硫酸头孢喹肟乳房注入剂(泌乳期)，于2015年成功地取得新兽药证书。2016年该产品荣获首农集团科技成果推广奖二等奖。

公司做好经营发展的同时，积极履行国企的社会责任。为灾区捐款捐物献爱心已是企业传统，进入2020年，面对新冠肺炎疫情，干部职工踊跃为疫区同胞捐款献血。

弦歌不辍、薪火相传、艰苦奋斗、改革创新是立时达最宝贵的精神财富。新时代新使命，立时达人坚守砥砺奋斗本色，立志用智慧和实干续写新的辉煌！

“丰丰牌”油毡尽显风流

河北省汉沽农场 李志友

那是在20世纪70年代初，我愉快地踏入了工厂的大门。

这里是汉沽农场最大的场办企业——唐山石油化工总厂。时值初秋，宽广的厂区大道上，绿树成荫，百花怒放，大大小小的车辆排起长队，有的在运送燃料或原材料，有的是来购买石化产品，车间里不断地传出有节奏的轰鸣。在农业队干了四年多的我，看到这里的一切既倍感新鲜，又有些陌生。尤其道路两旁的标语牌，还有办公大楼顶端的大字标语，更是吸引人眼球——举大庆旗，走大庆路，做大庆人。带给人无限的激情和积极向上的精神力量。

别看这是农场办的企业，名声之大，效益之好，潜力之巨在同行中可以说首屈一指。一千多名职工每年创利税一千余万！这个数字放在今天似乎无所谓，但在那个时代，就是天文数字了，所以，它才成为汉沽农场利税大户，也是总场财政的钱袋子。

石化总厂主打产品是10#石油沥青，年产两万余吨，主要用于建筑行业和道路建设。当时是计划经济，无论原料油供应，还是产品销售，都纳入了国家计划，五省十部的基础建设，都要从这里调拨产品。没有国家计划的单位或部门，想买我们的10#石油沥青，是难上加难，计划外产品的价格还高很多呢。

除了石油沥青之外，这厂还生产汽煤柴油，各种型号的机械油，润滑油等。这些产品虽没纳入国家计划，自营销售的态势也很好，从不存在压库或滞销。

这里值得一提的是，另外一种新近开发的产品，那就是10#石油沥青油毡。当时，正是国家建设繁荣发展时期，这种建材的用量很大，虽然两班倒满负荷生产，产品一直供不应求，没有过硬的关系几乎是一卷难求。投产一年多了始终是产销两旺，获利多多!

在一次总厂领导班子会议上，张厂长说："咱们的油毡是不是该有个商标了？"这句话引起了大家的热议。有的说：投产快两年了，是该给它起个名字了，也有的说：啥名字不名字的，卖得快才是真的，多赚钱比啥都强。当时，我在政工科负责文秘，按规定也列席班子会议。就在大家议论纷纷，各执一词的状态下，也趁机插了一句。我说：从长远的角度看，一个好产品应该有自己的商标。这是战略眼光。因为"商标是商战的利器，是质量与信用的保证"。最终，大家还是统一了意见。张厂长说：就叫它"丰收牌"怎么样，大家不再说话了，会场上一度沉默。既没有同意的也没有反对的。我说：我们是农垦企业，既要学大寨，也要学大庆，最好是争取"双丰收"，我建议给油毡命名"丰丰牌"，寓意是工农业双丰收。我的意见很快就得到张书记的认可，他说：还是秀才想得周到，我同意。就这样，大家七嘴八舌地议论了一番，就把油毡的品牌定下来了。之后，也是由我负责，到工商等部门办理各种注册手续。本来就不愁卖的好产品，有了自己的注册商标，自然如虎添翼，名气不断加大，很快就远销内蒙古和东北等十几个省区。我记得非常清楚，这是1975年7月的事。

谁也不曾想到，就在给油毡注册商标的一年后，震惊世界的唐山大地震发生了。1976年7月28日凌晨，大地猛烈地颤抖，轰隆隆地声阵阵传来，几乎在几秒钟之间，整个市区就被夷为平地。我们石化厂距离丰南仅20余公里，自然不能幸免。这时，车间被震平了，机器停止了轰鸣，职工的宿舍房倒屋塌，食堂不复存在了。近千平方米的油毡车间，刹那间变成了一片废墟。这突如其来的灾难，并没把我们吓倒。地震后的第三天，一幅幅大字标语就矗立在车间，现身在道路两旁。"抗震救灾，重建家园"的口号，就响亮地喊起来了。很快从口号变做了实际行动。

在那个激情燃烧的时代，没有人计较报酬多少，每月二三十元工资足矣；没有人计较工作时间长短，完成正常的工作任务之后，每天都要加班加点。天刚蒙蒙亮，大家就自觉地组织起来清理废墟，打捞沟渠中的落地油，晚上，下班后还要义务劳动一两个小时。无论是厂长还是书记，在地震棚中与工人同吃同住同劳动，带领着大家晴天一身汗，雨天一身泥。同志们只有一个信念，那就是尽快地恢复生产，要重建更好的家园。把地震造成的损失夺回来。

人心齐，泰山移。全厂干部职工经过二十多个昼夜的奋斗，油毡分厂首先实现了凤凰涅槃。震后的三十天，一个更大更漂亮的车间就建起来了，机器的轰鸣声再次奏响起来，吟唱起一首昂扬奋进的不眠之歌。这次重建的油毡生产流水线，设备比地震前更先进，工艺更成熟，操作台和卷纸岗更加现代化。由地震前的两班倒，变成了三班流水作业，做到歇人不歇马。日产量也从七八百卷，一跃提高到两千卷以上。要知道，“丰丰牌”油毡本来就是抢手货，在津京唐地区畅销不衰，大地震以后，到处都在恢复生产，各地都在重建家园，对油毡的需求量更大了，对时间的要求也更紧迫了。于是，市场的缺口与日俱增。前来汽运的大小车辆，每天都排成了长队，那些等待发火车的客户，就更急得抓耳挠腮了。若看当时的状态，即便日产两万卷油毡，也会供不应求。有不少计划内调拨10#石油沥青的单位，也急需建筑油毡一起配货！

为了保住品牌的信誉，提升油毡的质量。我们坚持做到“萝卜快了也要洗泥”，首先对油毡原纸货比三家，哪家的质量好，断条的少，薄厚度均衡，就用哪家的。对挂面的沥青油，质量要求更加苛刻，即便价格较高，即使路途较远，我们也要坚持用茂名的产品。因为这两种原料是质量的基础，也是最好的保证。尽管提高了生产成本，加大了销售费用，市场认可了，客户满意了，这就是品牌的价值所在。震后的“丰丰牌”油毡，名气更加响亮。不仅大量销往唐山或丰南等重灾区，东北三省及内蒙古的包头、赤峰等地用量也很大，就连青海的格尔木，新疆的阿勒泰地区，都有我们“丰丰牌”油毡的身影。

“丰丰牌”油毡不仅为抗震救灾立下了不朽功绩，而且为国家的经济建设增了砖，加了瓦。作为石化人，我为此感到无比自豪！

因为“丰丰牌”油毡一卷难求，在当时我也“伤人”不少。很多亲朋都认为我不办事。印象最深的，就是大舅家的表姐，那是在震后第二年的冬天，十多年不见的她，突然找上门来求我帮她买几卷油毡，我很是为难，这个时候几乎不对个人销售了，她还要求我买廉价的处理品，这就更加难上加难了，谁都知道车间的残次品，每个班次出来的少之又少，我怎么会买得到呢。我就再三向她解释不要着忙，等以后有了机会……表姐哪里信我这一套，她不等我说完，气急败坏地甩手就走，说："我就不信，你这么大的领导，这点小事都办不了！"从此，就和我没有任何联系了。

时光荏苒，斗转星移。转眼三十多年过去了，很多人很多事都已经淡忘，但是，"抗震救灾，重建家园"的那段岁月，却魂牵梦绕。我们"丰丰牌"油毡远销他乡，一卷难求的情景，却久久不能忘怀。是的，一个有生命力的产品，一个被社会认可的农垦品牌，是多么让人自豪。"丰丰牌"石油沥青油毡，不仅是质量与信誉的保证，更是农垦企业形象和企业精神的标志。

使命与责任成就品牌的力量

北京市华都峪口禽业有限责任公司　张英

中国饭碗任何时候都要牢牢端在自己的手上，中国人的饭碗更应该装中国粮。这对于峪口禽业来说并不陌生，因为这是我们的初心，更是我们的使命，也是我们一直以来的追求。40年的文化底蕴，成就了世界三大蛋鸡育种公司之一，在完善蛋鸡产业、发展肉鸡产业的路上，峪口禽业这个品牌的力量早已深入人心。

品牌，是历史的积淀

端稳中国饭碗，首要问题就是“谁来端”“端什么”“怎么端”。峪口禽业用40年的文化积淀，诠释了一个品牌的诞生，一种力量的使然，一份执着的坚守，一种爱国的情怀。

1975年，作为北京市“菜篮子”工程，峪口养鸡场成立，25万只蛋鸡承载着“菜篮子”的使命，而峪口禽业，也从这里开始悄然生长。伴随着改革开放的脚步，1989年，当年的峪口养鸡场已经发展成规模50万只、亚洲最大的蛋鸡场。

平凡，却不甘平庸。为了不与农民争利益，峪口禽业在1999年开始进行体制改革，毅然决然决定退出蛋鸡市场，进军种鸡领域，开始了国产蛋鸡品种的培育。正是这时，世界三大蛋鸡育种公司的种子悄然扎根。2009年，京红1号、京粉1号在人民大会堂发布，“峪口蛋鸡”这个品牌也已经根深农民心中。奋斗的脚步从未停歇，从2个品种到蛋色、大小、羽毛全覆盖，中国消费者所需求的鸡蛋、鸡肉，峪口禽业全部满足。

也正是市场的回馈，让峪口禽业看到了认可与希望，以“育种”为产业链核心的高新技术企业，正在一步步地掌握国家的蛋鸡种源命脉。封关、疫情影响，这些都不能阻拦我们带动农民致富，让消费者吃上放心蛋的决心，让中国碗装中国粮，把核心技术掌控在自己手中，这是峪口禽业这个品牌的力量动力。

品牌，是责任的力量

是什么能让峪口禽业这个品牌享誉世界？蛋鸡育种是一件很难得事，可峪口禽业还要继续做，而且越做越大、越做越精。我想应该是责任的力量，来自企业和育种人的责任。

事业越难，我们越要去突破，因为它有意义。从鸡蛋到鸡雏、从鸡雏到鸡种、从鸡种到鸡链，围绕一只鸡，实现三次变迁，成就三个第一，这已经不简单是一份事业、更是一份对责任的追求。

品牌的力量源于育种者的坚持。在大山深处、在京系列蛋鸡的种源基地，有这样一群人，他们常年封场于三面环山的种源养殖场，就为保证种源的绝对安全，因为他们知道，这里是命脉，不单单是峪口禽业的，更是中国蛋鸡的命脉。

品牌，是爱心的凝聚

品种培育，是一项专业而持久的重大工程，需要一个强大的团队长时间地坚持和付出。赵向朋就是育种团队的一位代表。2008年赵向朋走进峪口禽业，接受了特有的大学生培训方式——走进基层、轮岗学习。入职半年，他在育种公司实现了基础知识的积累。机会总是青睐有准备的勇者，2009年4月18日，京红1号、京粉1号在人民大会堂亮相，而他也被选入国家种源基地——蛋鸡纯系一场，开始了真正的梦想之旅。

他从基层着手，亲自去尝试饲养员的工作，总结出效率最高的方式进行推广。他将理论与实际相结合，利用现场观察、现场讲解、现场纠正，解决了纯系鸡群现场存在的问题，为保证品种先进性奠定了基础。在现场育种的这十年，他通过实践摸索，参与完成6个选育点、9个计时点的选育方法，为选种工作提供了有效的保障，也大大提升了选育的准确性。

每一个京系列品种的培育都有他的身影，都有他的汗水，更有他连续11年坚守国家种源基地的坚持。走出去，他是峪口禽业的一张名片；在企业，他是峪口禽业品牌的见证者，也是成就者。任何一个品种的培育，都离不开像赵向朋这样的育种人的坚持与坚守。

好的品牌在于更高的附加值，峪口禽业给予社会的并不单单是品种，更是品质与责任，就像夜晚中璀璨的星光，让我们在众多品牌中一眼就能看到它的独到之处。峪口禽业的脚步还在继续，带着那份初心和使命，带着那份执着与坚守，相信品牌的力量会激励我们更好向前，创造世界最大的育繁推一体化企业。

北纬40° 那片棉海

——新疆阿拉尔垦区长绒棉品牌创建纪实

新疆兵团第一师水利水电工程有限公司　李向新

金秋时节，祖国西北边陲塔里木盆地的棉花丰收了。一望无际的棉海直接天宇，雪白的棉团就像白头浪在绿海上层层滚来，颇为壮观。虽然新疆种植棉花历史悠久，然而像这样的盛景何时有过？这是几代兵团人披荆斩棘、拓荒开荒的硕果。2003年，他们创建的“新农”牌长绒棉在“乌洽会”“广交会”上备受青睐，从此，“新农”品牌棉花蜚声中外。

长绒棉又称海岛棉，因纤维细长而得名。世界长绒棉主产区在埃及、美国等地，国内主产区在新疆塔里木阿拉尔垦区。通常高端色织、家纺等顶尖产品和出口的高附加值纺织品及服装都需要使用以长绒棉为主要原料的纱线。

新疆生产建设兵团第一师阿拉尔垦区棉花机械采摘

驻扎在辽阔的新疆南部、北纬40°的兵团第一师、第二师、第三师和第十四师，共47个团场，因其独特的地理条件成为国内种植长绒棉的主产区，其中第一师阿拉尔垦区种植规模最大，年均种植面积50余万亩。这里气候干燥，光热资源丰富，昼夜温差大，无霜期长，年平均≥10℃积温为4 000℃以上，是最适宜种植长绒棉的地区。

记得1995年那年，由农一师农科所培育的长绒棉“新海13号”新品种问世，轰动了海内外。这是我国自育的第一个内在品质达到埃及棉“吉扎70”标准的超级长绒棉品种，单线棉拉力稳定在4.5克以上，使国产长绒棉全面替代进口埃及棉成为可能。在此之后，又相继育成“新海15号”“新海17号”“新海21号”等丰产性突出、纤维品质优良、抗病性能好、适应性强的长绒棉新品种。1995年至2003年，累计在南疆推广500多万亩，创造经济效益58亿多元，震惊了全国棉花界。这么大的面积，这么高的科技水平，这在世界植棉史上也不多见。植棉人与育种人一起，让这个几十万人的农业集团化作战群体使兵团的长绒棉发展迅速崛起。

在长期的植棉过程中，勤劳朴实的兵团人认识到品牌的重要性，他们深知品牌是进入市场的通行证，也是产业集群的外在形象标识。实施品牌战略，创立名优品牌成为各植棉师团的共识。兵团棉花产业的发展进入“品牌竞争”时代。各师团不仅在提高棉花品质上下功夫，逐步实现棉花生产、加工等环节的标准化和优质化，还做好品牌的培育和延伸，把品牌冠以新的地域产品形式或类别中，提高长绒棉的整体形象，发挥品牌的综合经济效益。他们着力加强棉花营销和服务环节建设，把棉花品牌推向全国市场、国际市场，提升棉花产业的竞争力，形成棉花种植产业集群和品牌效应。

2003年3月，一个风轻云淡的日子，农一师创建的“新农”牌长绒棉在瑞士SRORRI纺出200支纱，创单位出纱量的吉尼斯世界纪录，在诸多方面其质量指标超过世界一流棉埃及棉。2004年，“新农”牌长绒棉在我国第二大纺织集团安徽华茂纺出240支纱，再破吉尼斯世界纪录。被国内外众多纺织企业誉为质量最佳的棉花产品，连续3年出口产品一律免检。2005年8月，第一师“新农”牌棉花品牌获得新疆著名商标称号，是兵团唯一获此殊荣的品牌，同时还获得国家名牌与中国棉花市场公认十佳畅销品牌称号。还被“乌洽会”评为“金奖”产品。为巩固品牌质量，农一师购置了国内乃至世界一流的检验和加工设备，拥有美国生产的全套拉姆斯加工设备和具有世界先进水平的22条长绒棉加工生产线以及先进的400型打包机。建成国内一流的棉花检测中心，拥有国际领先并普遍采用的美国HVI全自动大容量棉花纤维测试仪、高标准灯光分级室、恒温恒湿室、糖分检验室、杂质分析室等。为品牌的持久打下了坚实基础。

2011年，国内外知名企业洁丽雅集团慕名来阿拉尔市注册成立新疆新越丝路有限公司，所建洁丽雅品牌产业生产研发基地项目投资27亿元，提供8 000个就业岗位。一批国内纺织企业先后落户阿拉尔市。2020年11月，浙江桐昆纺织产业园项目集中签约仪式在阿拉尔市隆重举行，两百亿级投资项目重磅落地。意味着阿拉尔市——这个中国西北最靠近沙漠的城市，迎来了前所未有的发展机遇。

新疆长绒棉种植鸟瞰

虽然当今化纤产品日益兴盛，但棉花的地位和作用不减当年。同时棉花给人类留下了巨大的影响和丰厚的遗产，那就是人类共同走过的这一段艰辛曲折而又蕴含无数机遇的历史，将永远铭刻在天地之间，融入人类生生不息的奋斗基因之中。现在兵团人的质量意识、品牌意识更强，他们变丰产高产为优质高效，努力巩固兵团棉花的质量优势和品牌声誉，全面提升市场竞争力。以师为单位确定主栽品种，统一供应长绒棉原种和原种一代，各团场积极培育供大田栽培的优质高产棉种，提高兵团棉花的纤维一致性，树立了兵团棉花品牌的良好形象，使品牌棉花行稳致远。

时光的车轮驶入2019年，虽然新疆调减了棉花种植面积，但产量继续保持全国最高，达500万吨（含长绒棉），占全国总产量的84.9%。新疆棉花总产、单产、种植面积、商品调拨量连续25年位居全国第一。就是这样几个数字，其背后凝结了新疆几百万植棉人的辛勤汗水和他们对国家所做的贡献。他们把人类的宽广无比的想象力和创造力编织在绚丽多彩的棉织品中，向世人诠释了新疆兵团人顽强不屈的精神。

66年，芳华璀璨。在塔里木盆地十分艰苦的环境中，一个高度集约化的作战群体扎根这里，挥洒汗水和热血，倾心培育和种植长绒棉，无怨无悔地把最美好的人生奉献给了新疆棉花事业，一生一世倾力植棉，在新疆大地书写了一部荡气回肠的农业植棉史诗。

一枚蛋的自述

北京市华都峪口禽业有限责任公司　苏仓

我是一枚蛋，不同于出现在餐桌上的同伴，我是有生命的，可以孵出可爱的小鸡。我是一枚种蛋，名字叫父母代京红一号合格受精种蛋。我的爸爸妈妈是父母代京红一号种鸡，它们可是响当当的明星，来自世界三大蛋鸡育种公司之一的峪口禽业。我们都是中国的民族品牌，是民族的骄傲！

今天，我想给大家讲讲我的家园、我的经历，让你们了解我的世界！

我的家在中国的大桃之乡，在美丽的京东绿谷。在20世纪80年代，她的名字叫北京市峪口养鸡场。如今，她名为京蛋1～4场，是峪口禽业众多养殖小区之一。她身上有很多标签——峪禽的发源地、培养人才的摇篮、标准化管理单元。她占地二百余亩，拥有32栋鸡舍，52万套父母代鸡群。她采用全进全出的饲养模式；她以质量为生命，用引领做目标，她用不断创新的理念打破墨守成规，形成独特的文化，展现飞扬的色彩！

我的叔叔阿姨们，在饲养员的精心管理下，住在整洁的栋舍里，发挥着最大的生产性能，它们快乐地生活、快乐地产蛋。偷偷告诉你，这里的员工是怎么工作的吧！

早在2006年，京蛋1～4场就通过了中国良好农业规范GAP认证！让生产中的每个环节都有章可循，让管理上的每个细节都有法可依。七本农业局下发的养殖场记录，每项工作标准，每次工作记录，从生产到防疫，从前勤到后勤，记录清晰，可追溯到每个批次、每个栋舍，涵盖了每个工种、每个环节。

他们经常说“千斤重担人人挑，人人头上有指标”，就是用目标定方向：年度、季度、月度、每一天都目标清晰，用数据指引着每个人努力的方向。他们通过课堂增强员工意识：晨课堂每日提醒关注点，周课堂做好周报总结，月课堂盘点、计划和激励。最终以生产高质量够数量低成本的“我”为结果，实现指标引领。

我的家作为稳产标准化单元，以指标为核心，以质量为生命，他们把我的父母了解得非常透彻，知道我们所需的环境，知道我们害怕的疾病，他们在管理中，有稳产“12345”和“4321”疾病防控精髓来指导工作。

稳产“12345”，即1个目标：合格受精种蛋最大化；2条主线：产蛋线和输精线；3个阶段：23～35周龄为产蛋高峰期，36～45周龄为产蛋中期，46～68周龄为产蛋后期；4项指标：产蛋率、受精率、种蛋合格率、死淘率；5线支撑：体重线是基础，光照线是促进，温度线是关键，应激线是条件，抗体线是保障。

做好“4321”的疾病防控精髓，即40%的精力做好免疫，免疫是鸡群产生均匀有效抗体的核心；30%的精力做好环境，环境是鸡群保证均匀有效抗体的基础；20%的精力做好监测，监测是检验鸡群均匀有效抗体的手段；10%的精力做好体质，体质是鸡群维持均匀有效抗体的保障。

经过精心的照顾，我和千千万万的同胞们出生了，每一年都会有将近300万枚的种蛋从这里产出。公司有明确的种蛋标准，把我们分成大、中、小三级，经过消毒后，大卡车把我们送到培育生命的孵化场，开启另一段旅程。

对了，我还没给大家介绍我的模样吧，我的壳是鲜艳的红色，大小在53～68克。我还有个很庞大的家族，名为京系列。在我们京系列家族中，每个品种都有独特的个性，例如我的京粉1号阿姨生的蛋是白色的壳、粉2阿姨生的蛋是粉色的壳。每个品种都有众多的养殖粉丝青睐。

这就是我的故事，马上，我就要变成一只小鸡，和小伙伴们坐上大卡车，到农民伯伯家去感受不同的乐趣啦!

光阴飞逝，一枚蛋见证了京蛋1～4场的创新管理，从精细化到标准化，从数据化到流程化，每一次总结都是进步，每一次经历都是成长。

时光流转，一枚蛋见证了跨越40载的发展历程，从峪口禽业到沃德股份，完成了华丽的蜕变。从当年的名不见经传，到如今的世界三大蛋鸡育种公司之一。

岁月如梭，一枚蛋见证了扬名于海内外的京系列品种，见证了思玛特宝乐的成长，见证了智慧养鸡的便捷。如今流动蛋鸡超市遍布祖国各地，让老百姓真正实现“快乐养鸡、轻松卖蛋”！

我和北大荒大米

山东省作家协会　杨延斌

我毕生爱吃北大荒大米，因为那米粒儿亮晶晶而丰润饱满，色泽微微发青而透明，饭粒儿色泽雪白发亮，吃起来儿筋道有嚼头，饭味儿清香可口略甜而独具沁人心脾的米香。在我心里，北大荒大米就是中国乃至世界上最好的大米！

我几乎走遍全国大城市，无论到上海，杭州，南宁，广州，厦门，深圳还是海南，到处都能看到北大荒大米，吃到北大荒大米饭。北大荒大米已经遍及大江南北，几乎成了北大荒的代名词。而且，北大荒大米，早已端上外国人的餐桌。

消费者为什么钟情于北大荒大米？不争的事实是，北大荒水稻生长在肥沃的黑土地，成长期历经春夏秋三季阳光长时间的充足照射，充分吸收阳光土地和大自然养分，浇灌的是没有工业污染的原生态绿水。北大荒难能可贵的自然气候，为优质水稻创造了独特的生长环境。大面积的现代化种植气势，饭粒儿形状整齐美观，色泽的透彻好看，饭味儿的可口沁脾纯香，使北大荒大米具有了不可替代的地标性特色。

说起北大荒米来，与我真是缘分不浅。记得五十多年前的一九六三年早春，那年我七岁，在山东贫困的平原县水务街村老家，第一次吃到北大荒大米。那年政府发放救济粮，我家领回了二十斤地瓜干，二十斤苞米面，十斤白面和二斤大米。我清楚地记得，发救济粮的叔叔说，大米来自恶狼成群的北大荒。

面对二斤大米，一家人作了难，因为我家人不知道大米是咋个吃法。姐姐干脆往锅里舀了几瓢水，把二斤大米倒进水里敞着锅煮。锅开了，大米的香味儿瞬间弥漫在两间屋子。一家人惊喜：原来，北大荒大米的味道竟然这么香！

大米的香味儿直往鼻腔里钻，我便猴急猴急地连蹦带跳，巴不得快快把锅里的大米饭吃进肚里。可是，原本浸泡在水中的大米，一开锅就膨胀得凸出水面。姐姐便加水，并用勺子不停地搅动。灶火越烧越旺，锅里沸腾翻滚着咕咕响的汽水泡泡。大米好像越煮越多，姐姐就使劲儿搅动着并往锅里添水。结果，二斤大米煮出了一大锅粥。

眼见得二斤米能煮出一大锅粥来，且大米粥的香味儿那么扑鼻馋人，饿肚子的一家人感到很惊喜，且都迫不及待解了馋。那次，我第一次知道北大荒有种粮食叫大米，而且一碗接一碗地喝到几乎撑破肚皮。我把北大荒大米吃进肚里的同时，也牢牢地记在心里。

查哈阳农场稻田

再次吃到北大荒大米，已经是一九六八年我投亲到黑龙江省查哈阳农场（当时是兵团建制）一个叫稻花香的地方。原来做梦都想吃北大荒大米，没想到有幸落到大米之乡生活。曾经一想就流口水的北大荒大米，却成了我的家常便饭。从此，便知道了大米不仅仅是煮粥，还可以捞饭，蒸饭，焖饭，做混混饭，也能和小米混在一起做二米饭。而且，任人把北大荒大米做成啥样的饭，味道都是一样的香。

最好吃的北大荒大米饭，要属几百人吃饭的食堂大锅焖饭。当时，学生至少有俩月时间，参加春播夏锄秋收。

当时的学生下地劳动，除了每天补助三毛钱外，还要自带一个铝饭盒，饱饱地吃人家一顿中午饭。那时的一顿中午饭，可远比三毛钱有吸引力。因为每顿中午饭主食都是大米饭，副食不是牛肉炖土豆，就是鸡刨豆腐，或是猪肉炖粉条。那时的家庭，吃的可没那么好。关键是，用大锅焖出的北大荒大米饭的香味儿，再让锅底焦而不煳的锅巴香味儿一串，散发出的是一种独特的家庭饭锅焖不出来的煳香味道。不怕您笑我没出息，每顿中午饭，我都吃到顶脖才罢休。因而，学生时代参加劳动时的北大荒大锅焖米饭，成为我后半生的念想。

20世纪90年代初，我从北大荒回到山东。因为工作在化肥企业的缘故，我几乎走遍北大荒种水稻的各大农场。因为当时市场还不活泛，北大荒出现卖粮难。我灵活采取以肥易米的方式，用德州产的尿素，把北大荒大米易货到山东。尽管黄河南北也产大米，但比起北大荒大米要逊色得多。北大荒大米一到山东市场，销售一路顺畅，很快赢得消费者赞不绝口的好评。许多大小饭店，都以“正宗北大荒大米”做招牌。例如济南有个让消费者几块钱能吃饱的超意兴快餐连锁店，就是因为有北大荒大米饭做支撑才能异常红火起来。在二十多年前，就连北京的玉泉路市场，天津大胡同市场，济南的匡山粮油市场，最旺销的也是北大荒大米。全国各地大商超现今卖的几十种大米，尽管商标不一，但一看产地，多出自主产水稻的北大荒各个农场。

北大荒有数十个国营农场主产水稻，那些地方的生产环境，具有同样的光照，肥沃的黑土，无污染的环保水源，具备了绿色大米所有条件，他们能够实现订单经济理所当然。要说北大荒大米已经火遍了全国乃至世界，绝不是夸张吹嘘！

大白菜变身记

北大荒亲民有机食品有限公司　牟永鑫

酸菜，古谓之曰“菹”。盛生于燕，而兴于北。历两千余载不衰，其香播于万户，恩泽于宇内，实为肴中之上品也。昔以菘入盐，假以时日，腌制而成。其脆嫩鲜亮之感、去腻增食之功，概莫比焉；今以乳酸为酵，辅以良法，克害物滋生之隙地，生有机无害之菹，今人功莫大焉。

我是一棵白菜，战国时从地中海传入中国种植，已有2000多年历史。现在我生长在黑龙江省红星农场有限公司，这片沃土用17年时间让我华丽转身，这是著名词人为我写的歌赋。

北方的冬，天寒地冻，万物苍洁。从前，没有反季节大棚作物，能过冬的蔬菜无外乎土豆、白菜，吃的人们涩口乏味，不知是谁发明了酸菜，帮人们“猫冬”。当年张作霖的大帅府配有七八口酸菜缸，可往往还是不够吃。张大帅的儿子亦即张学良的弟弟张学思少将，官拜解放军海军参谋长，“文革”时遭迫害，弥留之际，最想吃的就是东北酸菜。

现在，市面上酸菜品种繁多，但口感最纯正的当属北大荒亲民食品牌有机酸菜。

田间“八统一”小白菜变身“有机菜”

来到红星农场有限公司场界，一块块“国家有机产品认证示范区”“国家级有机食品生产基地”这样的“重量级大牌子”映入眼帘，这里就是“酸菜前身”——有机白菜的家。

北大荒亲民有机食品有限公司鸟瞰图

2003年，公司选择开发较晚、无污染的地块，开始有机基地的建设和转换工作，为了使每一棵菜都出类拔萃，红星农场可下了不少“功夫”。改良有机基地土壤、提高作业标准；采取“专人分管、成本逆控、收入保底，利润共享”方式实行“八统一”管理。并在有机产品生产单位的晒场、作业机具上都“烙”上了四个大字“有机专用”。拥有4万亩有机基地，通过欧盟、美国、日本以及国内认证机构认证。

一棵普通的白菜，在这样的“精耕细作”下华丽转身。

罐内“17道工序”有机菜变身“俏酸菜”

2007年10月，建成全国首家有机酸菜加工厂——北大荒亲民有机食品有限公司。

最有名的要说有“天下第一大酸菜罐”美誉的有机酸菜腌渍罐，有不少客商和学者都是慕名而来，就想亲眼见证大罐风采。有机酸菜腌渍罐直径4.5米、高6米，单罐可腌渍有机白菜60吨，50个罐体采用316升食品级的不锈钢，罐罐管道相连，时时精准控温。

总经理于孝滨视每一棵白菜都如“珍宝”。与东北农业大学共同研发乳酸菌厌氧发酵技术，将亚硝酸盐含量控制每公斤4毫克以内。他要求工人们要经过好几道的整理工序后，才能将白菜送入发酵罐，并选择盐、水和乳酸菌成为有机白菜的合作伙伴，来陪伴40余天的漫长发酵期。亲民工匠精挑细选，精心包装，提高了产品质量，抬高了酸菜身价。用“质量追溯”为17道工序把关，有效地保证了生产原料的可控性和产品质量。

有机酸菜在亲民工匠人的手中，塑造成了一袋袋精品。

远销“三步走”俏酸菜变身“名牌菜”

有机酸菜品质好，更要把名扬。

“亲民食品”2011年被认定为著名商标；2013年“红星酸菜”被国家质检总局（2018年3月挂牌国家市场监督管理总局）实施地理标志产品保护；2015年荣获“龙江特产”；2016年博览会获金奖；2017年国际农产品交易会获金奖；2019年入编中国农垦品牌目录。2020年“市场的认可和消费者的口碑取决于营销方式的创新和追求匠心的品质”谈起营销手段带给企业的发展活力，红星农场有限公司董事长姜耀辉侃侃而谈，制定了“三步走”计划。

这第一步是做实线下提升市场品牌占有率。通过“扫街”式铺货，在全国各地设立代理商，借船出海，迅速占领市场。入驻全国KA类商超进店3 700多家。开设北大荒绿色智慧厨房、“亲民食品”健康体验店，通过打造样板市场，以点带面推动全局营销。美国、日本、加拿大等国家都有“亲民食品”牌有机酸菜的身影。

第二步是做活线上扩大品牌知名度。在淘宝、京东等网络平台开设“亲民食品”旗舰店，进驻天猫农垦溯源馆。开通了企业微信公众号、微信商城、公司官网，这张“网”铺的越来越大。

第三步是做优服务赢得品牌满意度。通过抖音、快手、等平台开通直播，打造自有网红带货，提高消费者认知度和购买欲。开展工厂游活动，实地参观生产加工全过程。参加各类大型展销会，以各种新颖的促销方式，激发品牌潜力。深入实施“1213”战略，不断构建“供、种、管、收、储、运、加、销”一体化营销格局。

在他的大跨步、快发展下，“亲民食品”牌有机酸菜，成了健康餐桌上的“宠儿”。

餐桌“新美食”名牌菜变身“百菜王”

“东北待客不用酒，炖锅酸菜也醉人。”

公司将地域文化和健康食品完美的融合，就是这个新时代的“传统新美食”。如今，酸菜不仅仅是一种食品，更代表着地域特色和历史文化，它是吃腻了鸡鸭鱼肉，解油去脂、开胃消食的健康首选，它是妈妈的味道、它是童年的记忆、它是流淌在血液中的乡愁……

有多少他乡游子，徘徊在现代都市的街头，心中写满了对故乡的依恋，耳畔回响起那首家家传唱的《酸菜谣》：

雪花飘，野茫茫，不见地里绿和黄
谷入囤，粮归仓，棵棵白菜码进缸
家家户户忙不停，一片和顺好年光
日落山，冬夜长，柴门屋暖酒气香
切酸菜，炖血肠，一家老小乐洋洋
上酸菜了，神仙你来尝一尝
上酸菜了，天下你是百菜王

小康龙江，“琦”待有“米”

黑龙江省红旗岭农场　王明华

“火了！火了！五星湖初香粳稻花香米火了！”8月25日晚，中国传统节日七夕节，“口红一哥”李佳琦直播间，销售火爆的竟然是五星湖牌初香粳稻花香米。直播间里李佳琦这样评价五星湖初香粳稻花香米：粒粒分明、香糯可口！并且连说两遍这米真的是超级超级超级棒！李佳琦说七夕节送你大米，祝你年年有米（钱）！“还有三千份大米，还有两千份大米，还有一千份大米，让我们再加一点货吧！”短短三分钟，直播间下单达到四万单，销售五星湖初香粳稻花香米四十万斤，销售额近二百万元，创造了五星湖品牌大米销售的奇迹。

这次“小康龙江，‘琦’待有你”直播，是由黑龙江省综合性扶贫电子商务平台“小康龙江”与佳琦直播间共同发起的公益助农活动。“小康龙江”是黑龙江省委组织部、黑龙江省商务厅、黑龙江省农业农村厅、黑龙江省供销社与黑龙江省文化和旅游厅等部门共同打造，以“助我奔小康，还你大健康”为理念，突出绿色健康、扶贫公益主题，通过线上线下融合发展，让绿色农产品走出乡村，推动贫困村与大市场对接，实现农产品标准化、品牌化、市场化，解决农产品销售难题，增加贫困群众收入，为打赢脱贫攻坚战助力。

知名主播李佳琦近年来一直在做公益助农直播，他在选品上要求非常严格，他希望在推出产品之后，哪怕没有他的直播，消费者也会因为产品好而再次复购，而不是在他的直播间卖出后再无人问津。饶河县是黑龙江省的贫困县之一，黑龙江农垦五星湖米业有限公司位于饶河县红旗岭农场，其“五星湖”品牌大米是黑龙江省知名品牌，是“小康龙江”平台上优质扶贫产品。在这次佳琦公益直播带货中，李佳琦在黑龙江众多的扶贫产品中，独宠五星湖初香粳稻花香。直播开始前，饶河县副县长谷庆华亲自向佳琦直播间的粉丝们推荐五星湖初香粳稻花香米。

黑龙江农垦五星湖米业有限责任公司，是黑龙江省著名民营企业，成立于1999年，公司总经理胡秀林是黑龙江省垦区杰出的青年企业家。公司集五星湖隆丰种业、五星湖水稻专业合作社、五星湖原生态食品有限公司为一体，实现了从育种、种植、加工到销售一套完整的产业链，创立了的“五星湖”及“沼泽湿地稻花香”等知名品牌，尤其是五星湖初香粳稻花香米，更是公司的拳头产品。

公司成立20多年来，胡秀林依据市场对绿色有机和无公害食品的要求，不断扩大企业的产品种类，积极打造绿色、有机食品。采用公司+农户的形式，成立合作社，实现风险和利益共担，现有社员60多户，种植面积一万多亩。通过统一种植品种，统一农技措施，统一水稻存储，统一产品销售，公司年加工销售优质大米万吨以上，带动了农户增收，实现了公司农户双赢。

位于北纬47°线上优质高端水稻产区的红旗岭农场，境内的五星湖湿地面积达450万公顷，是国家自然保护区挠力河湿地的核心区，也是目前世界上保存最完整的高纬度湿地，湿地中拥有300多种动植物，被誉为生物宝库。秀丽的挠力河蜿蜒穿过大片沼泽地，孕育着红旗岭22万亩肥沃水稻种植基地。

五星湖湿地晨光

特殊的自然环境，肥沃的黑土地，为五星湖米业提供了得天独厚的自然条件，加工五星湖初香粳稻花香米的水稻初香粳1号就种植在这片肥沃的土地上，它的种植成功改变了黑龙江高纬度寒地不能种植优质稻花香的历史。这里种植的初香粳水稻，经过24道工序的加工达到了免淘米标准。大米从外观、粒型、香气、品质到口感，全部符合优质稻花香水稻的指标要求，做出的米饭晶莹剔透，清香微甜，滑润筋道有弹性，凉饭不回生，食味值评分达87分，堪比五常有机稻花香。

如今“五星湖”品牌的大米已经成为黑龙江省的优质名牌，产品远销全国各大中城市。公司先后与上海乐惠食品有限公司、北京熹品汇农业科技有限公司、山东光明集团、中国联通公司总部等多家知名企业成为长期合作伙伴。五星湖初香粳稻花香米还成功入驻山东网络电视台，成为“中国原产递”主打产品。

2019年，北京熹品汇农业科技有限公司在中国“最美湿地”之称的红旗岭农场，与五星湖水稻专业合作社签约，为明星曾志伟、王迅、韩志、大潘、于洋、金巧巧及清华企业家商会定制了初香粳水稻田。在稻穗摇曳的稻田里，明星们发自肺腑地说：“初香粳稻米集寒带黑土地之肥沃和夏日骄阳之精华，营养极其丰富，米香纯正，好山好水出好米。”

在企业发展的同时，作为县人大代表的胡秀林一直致力于贫困县扶贫，他帮扶了饶河县21户低收入家庭，常年为他们免费提供生活用米。与此同时他启动了“初香粳稻花香”走进城市小区，走入千家万户，飘香全国各地的“惠民行动”，通过线上线下多方销售，让初香粳稻花香米端上百姓餐桌，让百姓买得安心，吃得放心。

如今，“五星湖”品牌依托乡村发展、扶贫公益和打造北大荒绿色智慧大厨房的契机，脚踏实地，行稳致远，借势再扬帆，让“五星湖”品牌更加响亮，销售更火爆。“一餐初香粳，浑忘鱼肉香”，小康龙江，五星湖初香粳稻花香期待有你！

醉美伊力特

江苏省张家港市政协　丁东

邂逅伊力特，是在12年前的秋天。第一次去新疆，第一次去伊犁。

谁能想到，大美新疆迎接我的竟然是那手雷似的老酒，不惊不乍，默默无语。细细端详，白瓷身坯上赫然三个大字：伊力特。

一早从江南出发，飞乌鲁木齐后转机伊宁，再乘近三个小时的中巴，到结对援疆的巩留县城，已是晚上十点。自然，第一件要做的事，对于主人来说，是接风洗尘；对于我们来说，是填饱饥肠辘辘的肚子。

在发表了一番热情洋溢的欢迎词后，主人对伊力特做了隆重推介：这是由新疆生产建设兵团所属企业，用天山雪水、伊犁河谷优质高粱、小麦、大米、玉米、豌豆等五粮为原料，采用传统工艺及现代科技，精心酿制的本地白酒，饱含着兵团人的智慧、精诚和热忱，被誉为“新疆第一酒”“新疆茅台酒”。说完，主人热情地给我斟上满满一杯。向来与白酒无缘的我，不觉面露难色。主人是身高1米95的哈萨克族壮汉。他狡黠地笑道：“不要怕么，你肯定行的。”我勉强笑笑，心想，以县长的块头和酒量，我们今天不醉才怪。

按酒桌不成文的规矩，主人们一个个站起来敬酒，人人先喝三杯。轮到客人敬酒，我豁了出去，也是三杯。如此有来有往，再加上“规定动作”外的互相敬酒，究竟喝了多少杯？怎样进的房间？因想不起来，也就干脆不去想了。到第二天早上，当夜晚陶醉的灵魂醒来时，很少喝白酒的我，原本担心参加不了上午的现场考察，居然头不疼、脑不热、眼不花，不觉心中窃喜。自此，伊力特，这传说中好酒的名望，长在我的心底，不再有丝毫的动摇和怀疑。

以后两天，在商定好援疆计划和工作后，我们感受祖国之大，体验新疆之美。聆听花开，陶醉山野；徜徉河谷，漫步草原，享受着美景、美酒。美景无限美，美酒伊力特。

也许是伊力特给我的美好印象，返回时，我特意买了两瓶带回家。喝完后，难以释怀，又托援疆工作组的同事替我买了两箱。再以后，为免麻烦同事，干脆直接从网上下单。这几年春节前，每年都会网购个十箱八箱，既用于宴请亲友，又用于馈赠长辈。伊力特，成了我们全家的专供酒。之所以对伊力特情有独钟，是因为我坚信，酒是有品格的，酒是有灵魂的。技艺精湛、良心酿造的伊力特，堪称“酒中骄子”。对这一“酒中骄子”，我独钟情于她的绵柔、醇和以及长久愉悦的回味，如情谊，如爱怜，如李太白“天子呼来不上船”的飘飘欲仙。

说不完的依力特，道不尽的伊力特。前年9月，我又去了新疆，去了伊犁。这一杯伊力特，老友重逢，让我激情澎湃，文思泉涌，写就《印象五家渠》一文，发表于当年11月1日《人民日报》(海外版)，也算是不负主人、不负新疆、不负伊力特。

有人说，酒是液体的火焰；有人说，酒是天使的唾液；又有人说，酒是诗与爱情的罗曼蒂克泡沫……无论高贵还是卑微，只要一杯在手，都可以在酒中体验满天星斗扑面而来的感觉，让失意烟消云散。经历之后，我自然相信这一切都是真的。

正如幸福的种子，不需要刻意播撒一样，多少年过去了，伊力特于我，滋味依然，激情如故。因为她，一直占据着我的酒柜、我的味蕾、我的内心。

“京”鸡下“金蛋”

北京市华都峪口禽业有限责任公司　陈海华

峪口禽业，伴随我国改革开放四十年的企业，自己独有的品牌“京”鸡也已走过十余载春秋，成为中国蛋鸡育种事业的里程碑。她用自己的语言向人们讲述着品牌故事。

一个有生命的品牌，必然是以质量作为基础保证，有值得骄傲的产品。行业口碑、大客户群体长期合作，就足以证明了她的市场价值。

品牌诞生发展之路

2002年，峪口禽业开启自主品牌之路，开启了自主育种的新时代。打造品牌，创建平台，实施连锁，开启全国战略布局，峪口雏鸡供不应求，在北京平谷建设了世界第一蛋种鸡城，饲养规模达到150万套。

2009年，自主知识产权的京红1号、京粉1号新品种在人民大会堂发布，以产蛋多、耗料少、死淘低、蛋品优等优点，成为规模化养殖企业首选，首年推广突破1亿只。这也验证了公司把蛋鸡育种核心技术牢牢掌握在自己手中。

2013年开始，京粉2号、京白1号相继问世，国产品种独占半壁江山，京鸡市场占有率达50%，产品销往全国31个省市自治区，累计推广50亿只。

规模化养殖集团纷至沓来。德青源、吉林金翼、壹号食品、山西国青、山西晋龙、宁夏顺宝、众望农牧、神州、禾丰……连马来西亚外商投资企业——南宁诚兴公司，也钟情京红京粉高产蛋鸡。金晋农牧走遍全国，选中京粉1号，雏鸡一定就是五年，领导介绍：“产蛋高，蛋重适中，蛋壳色泽均匀光亮，特别适合做品牌鸡蛋。消费者反馈鸡蛋口感好，味道香！”

农业产业化国家重点龙头企业吉林金翼集团从2014年签署战略合作协议

书，首批115万京鸡到今天累计超1 000万只，峪口禽业满足了金翼集团数量、品种和品质需求，高产稳产的喜报频频传来。集团副总经理更是在会上公开说："峪口的产品好，峪口的人更好！"

始于品牌，终于品质

首批十万，始于品牌，累计千万，终于品质！一个品牌质量形象要靠每一位员工精心打造，他们既是品牌打造者，更是品牌传承者。十年品牌之路，十年引领中国蛋鸡行业健康发展的使命，他们时刻铭记。

一只4A级京鸡从种蛋到孵化到雏鸡，每一期员工都是以最高标准严苛要求自己，每一只雏鸡更像是他们亲手哺育的孩子。将精益求精的工匠精神继续传递，一直贯穿在生产线中的每一个周期。

合格种蛋的挑选是孵出优质雏鸡的基础，员工早已慧眼如炬。蛋壳颜色均匀，蛋壳厚度适中，蛋形指数完美的挑选标准也已植根于心。质检员每天还要对种蛋进行随机称重，确保合格种蛋的蛋重在53～68克；均匀度在93%以上。种蛋品质和大小决定了雏鸡的质量和均匀度，严格把好第一关，保证雏鸡大小一致。

"产房式"孵化环境，"三维理论"参数指导，"巷道式"先进设备，"专家级"员工操作，是保证从种蛋到雏鸡的关键。值班员就是孕育生命的使者，目标是孵化出整齐度高、健母率高和孵化率高的雏鸡。她们悉心钻研孵化技术，根据不同品种和胚胎发育的不同阶段，适时调整温度、湿度和通风。她们奔走于几十台孵化、出雏器之间，随时查看设备和雏鸡状态。21个日夜守护，每次期待中诞生的都是喜悦，毛茸茸、叽喳喳的小可爱也表达着它们对这个世界的惊奇！

"像对待婴儿一样，呵护每一只雏鸡"，进入孵化厅出雏场地，醒目的标语展示着员工们对每一个生产环节会珍视每只小生命。在雏鸡出壳的1～8个小时，员工们要完成挑选、鉴别、免疫、质检和计划分配等操作。他们目标是保证雏鸡成活率99.9%、免疫保护率100%、准确率100%、鉴别率98%。

熟练工种考验的是员工的精准操作，员工熟练和精确的羽速鉴别和注射免疫可以堪称一道风景。平均速度每人60～80只，曾经一段员工鉴别视频在抖音平台上得到了几十万的点赞量，围观者无不夸赞这神奇的速度和整齐的操作。北京市职工技能大赛、首农集团职工技能比赛上，公司员工多次获得全能冠军和各项单项冠军！

提升品质，追求卓越

品牌的创建需要研发团队的智慧与信念，品牌的强大离不开员工的专注与坚持。我是一名基层员工，时刻体会着“产品就是人品，质量就是生命”的真正内涵。唯有注重细节，追求完美和极致，把99%提高到100%才能守护我们的品牌。

记得那是2016年，山西晋龙集团签订京鸡100万的订单，公司根据以销定产模式，确定种蛋入孵计划，集中调配同一日龄种蛋，专厅专孵、专车专用，陆续将100万只京鸡送达到晋龙集团。

晋龙集团副总阴小宝连续一周亲临孵化出雏现场，亲自称重，亲自检查免疫质量。他亲眼看到员工们一手一只鸡质检和估重，轻拿轻放点数，娴熟准确免疫，每一个环节都无可挑剔。他见证了品质京鸡的打造，也高度评价了员工的工匠精神，从而也坚定了继续合作的信心。

扎扎实实做民族品牌，时时刻刻写好品牌故事，未来十年、二十年……峪口禽业也终将服务中国蛋鸡市场，让养殖户“快乐养鸡，轻松卖蛋”，让同行和规模化养殖企业“实现合作共赢”，不忘初心，再创新征程！

古船米业新营销

北京古船米业有限公司　梁红岩

在品牌建设之路上，2018年，北京古船米业有限公司打破传统营销方式的束缚，聚合直销、分销、电商、营销四个事业部的优势，形成巨大合力，打造具有“新方式、新动能、新高度”特点的2.0版新营销体系，闯出了一条“勇于拼搏，敢于创新”之路！

那么，在北京古船米业新营销体系建设的背后，有哪些不为人知的故事呢？

“拼”出营销新方式

2018年7月27日上午，在北京中华世纪坛地下演播厅内，“吉林大米新营销宣传月活动”开幕式正在进行，巨大的LED显示屏上，正滚动播出主题宣传片，展示着水稻从育秧、播种、耕作、收获、加工到端上人们餐桌的全过程。那金灿灿的稻田、亮晶晶的米粒，仿佛向人们诉说着对土地的深情以及“仓廪实，天下安”的自豪。

这是一次由吉林省粮食局、北京市粮食局、首农食品集团携手承办，旨在创新粮食营销模式、建立产区和销区共同体的宣传活动。

演播厅内欢声笑语，在厅外产品展示区，古船米业公司分销事业部经理陈亚男正在热情地为客户介绍产品特点，全然忘记了疲劳。在本次活动的营销方案里，他们部门的五个人要完成产品的陈列布展和产品介绍。就在这一天零点开始，他带领团队将120箱产品从中华世纪坛地上堆货处搬到地下展厅布展，每搬运一次，就要往返三百级左右的台阶。他们克服了闷热和疲乏的双重考验，直到凌晨两点，才完成产品布展工作。

这次活动是落实“中国好粮油”行动计划，吉林“大粮仓”牵手北京“米袋子”，守护首都粮食安全的有力举措；是整合京吉两地资源优势，加强粮食产销合作的具体行动。古船米业携手吉林大米做好品牌建设，树立“品牌就是效益，就是竞争力、附加值”的意识，努力培育品牌、提升品牌、经营品牌、延伸品牌，“拼”出了营销新方式。

“创”出营销新动能

2018年9月19日晚，在吉林东福米业剧场门厅的产品展示区，公司营销中心经理高志丰正带着两名员工精心布置着展台。他将两个布展桌作“L”型摆放，并铺好红色绒布，按照产品品种、规格分类摆好，放好企业宣传手册。这些工作，都是为翌日的“2018吉林首届农民丰收节暨吉林大米品牌发展论坛”活动准备的。

高志丰是个对工作精益求精的人。他从剧场门口走到展台前，尝试在互换身份的前提下，体验对展品的观感，随后，又调整了产品摆放位置。随着互联网的普及，产品营销表现出体验式、情感式和个性化的特点。营销中心也力求跟上这种变化，谋事而为、顺势而动。高志丰常说：新营销时代的来临，必须转变观念，要有“跳出米业，发展米业”的思路，打造出具有自身特色的营销平台，吸引更多的商业合作伙伴，实现共赢！

作为一名老员工，高志丰和员工们交流时，总是不厌其烦地说：“凡事要踏踏实实去做，再好的蓝图，不抓落实，也是空中楼阁。工作任务，要一件件地开展、一件件地落实，终会见到成效。”营销团队正是秉承这样的理念，“创”出了营销新动能！

历时一个小时的布展结束了，高志丰和他的团队顺利完成了任务。他们走在回住宿地的路上，天上繁星点点，辉映着丰饶的土地。劳动的人们，最美！这晚，注定他们会有一个甜美的梦！

“融”出营销新高度

2018年9月28日上午，坐在从齐齐哈尔到北京的高铁上，公司北京（总部）营销党支部书记李兴认真地听着经销商们参加“2018美丽首农·金秋收获季暨双河新米上市发布会”的感受。

他们聊着开幕式上双河农场员工精彩的演出，一望无际的稻田，“稻花香”等多款新米的食用特点……言语中透露出对此行的满意之情。作为本次活动的承办方之一，北京古船米业有限公司和同属首农食品集团旗下的双河农场，合作推出了古船牌“龙粳五湖”大米，市场反应良好。

这次活动，古船米业和双河农场进一步加大了产销融合，在产品开发、渠道建设、产地选择等多方面开展合作，探索产销融合、协同发展的新模式。在活动中，以北京正一味餐饮管理有限公司为代表的多家经销商签订了合作协议，通过这种大融合的方式，做到“融”出营销新高度，助推企业向高质量发展!

在日常的营销工作中，李兴常常和其他员工分享经验：“根据不同营销方式，在工作中要勇于挑战、超越自我、完善自我、再造自我。”“品牌的基础是产品，好产品才能成就好品牌。产品和品牌之间是相辅相成的。只有好口碑的品牌产品，才能让消费者长久地记住，并分享给他人！”

以上场景，是北京古船米业有限公司打造2.0版新营销体系的几个剪影。

在2018年的营销工作中，在公司领导班子带领下，直销、分销、电商、营销四个事业部全体员工深入调研，集中座谈，分析营销形势，强化担当作为。他们聚焦目标，着力创新营销方式，以“新方式、新动能、新高度”为核心，发扬“螺丝钉”精神，积跬步、致千里，做到营销工作“月月有主题，周周有活动”，持续打造好品牌。他们用自己的实际行动，奏出了一曲属于时代、属于自己的华美乐章!

天使：味蕾上的传奇

楚雄监狱工会　钱海

中国农垦，祖国960万平方公里土地上一张响亮的名片，社会主义建设进程中不可或缺的“家庭成员”，人民群众最“信得过”的老字号“当家”品牌。是靠实力说话，以信誉占领市场，凭口碑俘获人心，用优质的管理发展壮大的中国品牌。中国农垦留在中国人心灵最深处的是说不清道不明的浓浓情愫。在我的意识里，中国农垦似一个广阔的、深不见底的大海，让人永远无法弄清海里到底自由散漫着多少鱼虾，海底到底蕴藏着多少宝藏，海面到底航行着多少船只，带给人类的贡献到底有多大。今天我要讲的是云南农垦云南天使食品有限公司“天使”品牌的故事。

我出生在云南楚雄彝族自治州久负盛名的土豆产地南华五街，浓浓的土豆元素在我的生命中奔腾。我所穿的衣服，我的每一张毕业证书，我们一家所居住的四间大瓦房，我吃的每一粒糖果，无一不是父亲母亲靠种植土豆换来的。在我们家，土豆抢占了大米高粱小麦在餐桌上的地位，一吃就是20多年，直到走出山寨成为州府的一员，我与土豆的情缘才慢慢疏远。20多年，我吃了别人几辈子吃下肚的土豆。进入城市生活，吃怕了土豆的我在思想和行动上对土豆产生了严重的排斥现象。

炒了吃、煮了吃、烧了吃、凉拌了吃、腌了吃、油炸了吃，土豆的吃法被老家的相亲们演绎到极致。无论怎么吃，在缺衣少食的年代，土豆都是餐桌上人们的最爱。当我成为城市的一员不久，大大小小的超市精美包装的各种品牌土豆片闯进我的眼帘，对土豆的另一种更绝妙的吃法大大地开了我的眼界。尤其是包装上一对可爱的天使飞翔的“天使”土豆片，让我对土豆美食有了一种全新的了解，全新的感受。一次次的远行，包里都有“天使”土豆片，我爱、妻子爱、女儿爱，我们家俨然成为“天使”土豆片最忠实的消费者。我没有吃零食的习惯，可一碰到“天使”，我固守了20多年的习惯还是被攻陷了。为了排遣父亲的无聊时光，我在老家山寨帮父亲开了一个小卖部。有了小卖部，父亲每天忙前忙后，生活过得很幸福。父亲告诉我，家中小卖部最畅销的东西是“天使”土豆片，孩子们上学放学都来买，一个星期要卖出去好几箱。

西双版纳的亚洲象、绿孔雀和滇金丝猴与云南农垦系列产品，在云南人的眼里都是让人骄傲的“特产”。在云南天使食品有限公司生产的农垦产品中，土豆片只是众多产品的一种。成立于1991年3月27日的云南农垦天使食品有限公司用近30年的发展史娓娓叙说着农垦品牌在寻常百姓家的美好故事。农副食品、茶叶、饮料、保健食品，云南农垦天使食品有限公司成了云南原生态纯天然美食的聚集地、生产地、销售地、展示地。云南农垦的“天使”，进入百姓生活，饱了人们的“口福”。

为天使点赞。天使，是我味蕾上的一个传奇。

“云台农庄”争做安全饮食倡导者

江苏省云台农场有限公司　殷尚

“爸爸，回来啦，上班辛苦了，来把拖鞋换上吧!”下班刚进门，上四年级的女儿就开始“献殷勤”了。我心里开始犯嘀咕，这么热情是想要钱买礼物呢，还是想少写点作业呢，还是……我直接开门见山地说：“你有什么要求说说看吧。”“爸爸爽快，还真有件事情想跟你商量商量，去年我的几个同学去你们云台农场摘桑葚，回来后都说好吃又好玩，今年桑葚又熟了，明天周末再带我们一起去呗! ”“没问题，爸爸明天带你们去，不过你们要做到行动听指挥哦。”我回答道。

每年立春后走进云台农场百果园内，最大的感觉就是空气清新，置身翠绿丛中，头顶蓝天白云，欣赏着盛开的桃花、杏花、油菜花、垂柳依依，一眼望去，五颜六色的花海异常夺目，徜徉在一大片花海中，一阵微风吹过，带着微微花香，想想那画面就觉得很幸福浪漫。花期结束不久，每年的“五一”假期就可以接待游客采摘桑葚了。云台农场的注册商标“云台农庄”牌桑葚在连云港市具有非常高的知名度和美誉度，无论是口感还是品质都是上好的。

“云台农庄”牌桑葚品种丰富，有口感香甜的长桑葚，有多汁的“黑美人”，还有像牛奶糯米般口感的白桑葚。桑葚被称为“民间圣果”，是当下人们喜爱的一种水果，富含多种维生素及微量元素。采摘园建在国家三级航道烧香河边上，水源充足，为让果实口感更佳、更绿色环保，桑树种植及桑葚生产均采用农家肥。出产的桑葚果实纯天然、零污染，颜色深红，个头大，摘下来可以直接吃，而且口感酸甜适中，受到游客们的喜爱。“这里的桑葚真好吃。”在采摘园中，不少市民一边摘一边吃，更是不忘夸赞云台农场的桑葚味道好。

“品质，始终是打响品牌的底气。云台农庄品牌水果，就是要做安全饮食倡导者。”这是云台农场公司党委书记刘卫华始终坚持的理念。农场依托国家级出口食品农产品质量安全示范区，严格按照绿色食品的生产要求，建立生产流程可追溯机制，按照规模化、标准化、产业化发展农业生态旅游产业。采摘园除了桑葚还有葡萄、桃子、杏子、樱桃、西瓜、草莓、甜瓜、火龙果、西红柿、猕猴桃、石榴等各种水果，品种近60个。农场还与南京农业大学的专家团队合作，得到了强有力的技术保障。

葡萄园

“产品质量要从源头抓起，既要迎合现代消费者对高品质生活的追求，新颖独特，原汁原味，又要确保产品的健康环保，宁愿产量低一点，也要确保产品品质和消费者舌尖上的安全。”农场公司副总经理黄祖兵表示。目前，这里的桑葚、葡萄、梨、桃子已通过国家绿色食品认证。“云台农庄”商标获得江苏省著名商标，品牌影响力和市场竞争力不断提升。天赋云台美，地道桑葚香。整个采摘园有面积1 000多亩，其中桑葚园占地100多亩，桑葚品种近10个，桑树和桑葚全身都是宝，除了让游客采摘品尝葚果以外，云台农场现在以桑葚和桑叶为原料，进行了产品延伸开发，生产了桑葚酒、桑葚干、桑叶茶，计划开发桑叶饼干、桑葚糕、桑葚糖等一系列药食食品。桑葚干已在江苏省十三届名特优农产品交易会上崭露头角。2020年春季仅桑葚采摘就接待游客2万余人，上半年接待踏青赏花、采摘、垂钓的游客5万余人，比往年同期相比略有上升。

江苏农垦云台农场位于国家AAAAA级旅游景区、国家森林公园、大圣故里的江苏省连云港市花果山南麓。近年来，云台农场积极策应国家新发展理念，发挥农场紧邻市中心的资源和区位优势，大力发展农业生态旅游产业。2022年9月，投资25亿元的江苏省第十二届园博园将在云台农场开园迎客。下一步，云台将积极做好生态旅游业开拓性发展工作，抓住江苏省2022年"园博园"建设、加强旅游项目创新和基础设施建设，融入连云港市山南旅游生态圈，不断提升旅游服务档次；高质量推进"云水湾"生态旅游建设，打造人工湖及环湖道路、采摘园基础设施建设等重点项目，提升景区硬件水平，为游客打造更舒适的农业体验式旅游环境；推动旅游产业与"园博园"差异化打造，用心打造特色农产品生产基地和特色旅游服务基地，重点为游客提供互动、参与、体验的精神产品，生产和展示特色、安全、优质产品，让园博园的"人气"在趣味体验、产品消费过程中为农场带来"财气"。

站在采摘园内，望着挂满枝头的桑葚和满园采摘的游客，我情不自禁地想起童年的一个小片段。记得儿时生活在农村，门前的菜地旁长着几棵桑葚树，每到春天桑葚成熟时候，树上就挂满了又紫又黑的桑葚果实，呼朋唤友地与小伙们结伴上树采摘，吃得满嘴满手都是黑色的汁。虽然快三十年过去了，门前的几棵桑葚已不在，我也不再是那个爬树摘桑葚的少年了，但是桑葚树上留下的童年趣事仿佛历历在目。

戈壁荒滩上写华章

——甘肃农垦条山农场发展现代农业的探索与实践

甘肃农垦条山农场　赵多毅

朋友，您品尝过“条山”特产吗？您想了解现代农业吗？今天，请您走进甘肃农垦条山农场，共同回忆屯垦戍边的日子，一起分享“条山”品牌故事。

坚守初心使命　矢志担当作为

在黄土高原与腾格里沙漠过渡地带的甘肃、宁夏、内蒙古三省交界处的景泰县有一家农垦企业，她就是甘肃农垦条山农场。条山农场成立于1972年，因场部设在一条山滩而得名，其前身是原兰州军区生产建设兵团第十六团，番号为中国人民解放军兰字926部队。这里原本是“天上无鸟飞，地上不长草，风吹石头跑”的戈壁荒滩，1959年一大批转业官兵、支边青年积极响应党中央的号召，挺进大西北，辗转景泰川，安营扎寨，开荒造田、兴修水利、植树造林，使昔日荒无人烟的戈壁滩变成了粮丰林茂的米粮川，从此“艰苦奋斗，勇于开拓”的农垦精神便深深地烙在条山广袤的土地上，注定她要生产“优质、健康、绿色”的产品。

坚持改革创新　建设现代农业

如何在激烈的市场竞争中生存和发展？敢想敢干的条山人选择了改革创新，积极探索实践，突出主业，统一经营，坚定不移地走现代农业发展之路。

创新体制机制，建立符合现代农业发展的经营模式

条山农场在甘肃农垦的农业企业中规模属中等偏小，土地资源匮乏，水资源紧缺且昂贵，从业人员较多，负债很重，相比较农业生产的各要素资源不是很好。为了稳定职工队伍，增加职工收入，农场坚持改革创新，积极探索实践，彻底改革了一家一户承包经营和以包代管的模式，农业规模条田全部由企业直接经营，按生产项目组建了专业公司和项目管理团队组织生产，全面实现统一经营。将管理体制由农场、分场、队三级转变为农场、二级专业化公司两级；将分场（队）靠行政管理职能收取土地承包（租赁）费转变为以专业化公司、专业化团队经营产业为主体的经营职能；分离生产经营单位的社会化管理职能，建立专业化的农机、滴灌、防灾减灾服务保障团队，使专业公司集中精力搞生产经营。这种集约化统一经营的模式有利于生产要素向最有效益和效率的产业聚集，实现了土地利用和种植效益的最大化。目前，农场内部耕地平均实现产值5 000元以上，亩均种植利润1 000元以上。通过统一经营和集约化管理，培育和发展了林果、加工型马铃薯、制种玉米三个主导产业。

条山农场马铃薯生产基地

以“三大一化”为抓手，培育壮大主导产业，推进现代农业建设

“三大一化”（大条田、大农机、大产业和水肥一体化）是实现农业现代化的基础。近年来，农场认真贯彻省农垦集团公司的安排部署，坚定不移地推进“三大一化”，实现了“田成方、林成网、渠相通、路相连”的高标准农田格局，现代农业建设取得显著成效。2012年，条山农场被认定为甘肃省首批现代农业示范区。

大条田整理。自筹资金和争取土地整理项目并重，通过平渠灭埂，农业大田土地全部建成了大条田，提高了土地利用率和大农机作业效率。

大农机服务。2015年小农机全部退出，组建农机服务中心，将分散在各单位的农机具统一管理，引进和购置先进的农机具，大农机配套作业率100%，大田作物耕种机械化率达100%，收获机械化率90%。

大产业发展。林果、马铃薯、玉米3个主导作物的种植面积保持在95%以上。发展省力化梨园3 000亩，积极创建国家级果品机械化信息化现代农业示范区，推进果园生产机械化、现代化。马铃薯产业实现全程机械化，与中国百事、泰国百事、上好佳等大型加工企业建立了长期合作关系，年种植规模保持在2万亩左右，“小土豆”变成了“大产业”。制种玉米产业培育自主品牌玉米品种17个，稳步提升盈利能力和水平。

推进水肥一体化。水肥一体化是发展现代农业的基本条件，也是统一经营的必要抓手，省肥省工，可有效减少土地污染，提高土地质量，保障产品质量。建成1万吨配肥站，水肥一体化实现全覆盖；全面实施滴灌节水工程，配套13座总容量100万立方米蓄水设施，所有耕地全部装备了滴灌；加强滴灌技术的应用和管理，持续开展水肥一体化试验示范工作，提高水肥使用效率，实现精准信息化灌溉。

有了大条田，大农机便有了用武之地，有了大农机、水肥一体化，便实现了农机农技农艺措施的高度融合，降低了农业生产成本，实现了质与量的双提高。

条山农场国家A级绿色食品果品生产基地

提高质量，做亮品牌，提升价值

坚持“好产品是生产出来”的理念，致力为消费者提供绿色、健康、安全的产品，倡导生产环境污染源头预防理念，生产基地建立了14001环境管理体系、9001质量管理体系和GAP（良好农业操作规范），确保生产环境符合国家有关标准。坚持用养结合，用有机肥逐步代替化学肥料，用生物和物理措施防治病虫害，推进产品由“绿色”向“有机”转变。在确保产品内在质量的前提下，持续推进品牌认定及推广工作，使产品从“有没有”向“好中好”迈进，先后有5个产品获得绿色食品认证；2个果品通过了有机食品认证；马铃薯等加工型农产品通过了出口产品基地备案认证；果品及果品包装获得出口注册登记；“条山”商标被认定为中国驰名商标；条山梨被认定为国家地理标识保护产品；“条山”品牌荣获“2015中国果品百强品牌”称号；“条山”牌梨荣获“2015中国十大梨品牌”称号；“条山”牌早酥梨、黄冠梨蝉联中国绿色食品博览会金奖，荣获甘肃农业博览会金奖、甘肃省名牌产品称号，受到省政府的表彰；条山杏脯荣获中国农垦年度品牌爆品；早酥梨入选“甘味”农产品企业商标品牌名录、荣获第十四届中国国际有机食品博览会金奖。同时，农场被中国绿色食品协会授予“全国绿色食品示范企业”称号，被甘肃省农牧厅授予“全省绿色食品示范企业”称号和“全省绿色食品先进企业”称号，被中国绿色食品发展中心认定为“最美绿色食品企业”。

贯彻新发展理念　书写华丽篇章

发展永无止境，创新永无止境，创品牌难，保护品牌更难，如何使企业愿景基业长青？条山人进行了深入的思考和谋划，立足现有的资源条件和外部环境，坚定不移地贯彻创新、协调、绿色、开放、共享的新发展理念，围绕约四个1万亩（1万亩果园、1万亩马铃薯、1万亩制种玉米、1万亩满足轮作倒茬需要的其他作物）的主导产业发展格局，坚持“推进农业标准化，把优质品产出来”“实施‘甘肃农垦’主品牌和‘条山’子品牌战略，把形象树起来”“强化农业科技创新，让产业强起来”“积极引进人才，让梯队建起来”“持续推进集中统一经营和项目化团队管理，让人心聚起来”“坚定不移地实行‘走出去’战略，让企业大起来”的思路，努力实现“稳定面积增量，调整结构增收，引进人才增力，做强品牌增效”的企业蓝图。

“在广袤的田野上愉快地工作，在都市花园里幸福地生活”是条山农场的企业愿景。农场将传承“艰苦奋斗、勇于开拓”的农垦精神，坚持走“标准化生产、集约化经营、产业化发展”的现代农业之路，担当作为，砥砺奋进，努力书写经济高质量发展的新篇章。

长粒香飘北大荒

黑龙江省江川农场　邱宏伟

在黑龙江省北大荒集团所属的113个农牧场（公司）中提起江川农场，无论是地域面积还是人口数量都是排行靠后的“小老弟”，但是要说起这里生产的江川牌“长粒香”米，人们都会不约而同地竖起大拇指，称他为同行业中的“大哥大”。江川牌“长粒香”米的知名度为何如此之高，知情者说：“除了色泽光亮、口感细腻、香味纯正，还离不开产业与文化的交融碰撞。”

丰收在望的江川牌“长粒香”水稻

穿越时空隧道，探寻江川农场种植“长粒香”米的历史，可以追溯到

900多年前的辽金时代。那时的江川农场叫瓦里霍吞城。有一年春天，城里的一位米商从东瀛岛国运来了几十袋稻米，搬运的时候有些米粒洒落在了院落里，没想到几天后竟长出了小苗，好奇的米商就嘱咐家人每天用松花江水精心浇灌。转眼秋天到了，成熟的水稻饱满、粒长，满院飘香，米商如获至宝，将收获后的水稻全部留作了种子，并取了个好听的名字——"长粒香"。后来，瓦里霍吞城里种"长粒香"水稻的人越来越多，而且越种越出名，加工出来的米竟成了一些达官贵人进京朝贡完颜皇帝的御米，到了有钱难求的地步。清光绪末年，城里的"长粒香"水稻种植面积达到了500亩。"九·一八"事变后，日本开拓团占领了瓦里霍吞城，将水稻地全部征收后分给了本国移民种植。1945年日本侵略者投降后，当地人民在原有水稻面积的基础上又开垦了200余亩，但受水患影响，常常是十种九不收，"长粒香"米也逐渐销声匿迹。

1964年瓦里霍吞区域被确定为国营万宝农场，人们又开始尝试着种起了"长粒香"水稻，到1976年更名为江川农场时，种植面积已经达到了3 000亩。随后，江川农场经过几十年的探索，利用高台育苗、旱育稀植、大棚育秧、智能催芽、航化作业等现代农业技术在30万亩耕地上全部种植了"长粒香"水稻。2010年江川农场"长粒香"水稻产量取得了历史性突破，平均亩产达到了600公斤。然而，由于职工们还习惯于坐等粮商上门，不善于市场化营销宣传，造成了60%职工家庭生产的"长粒香"米滞销，全场人均收入下降了12个百分点。这时，人们不得不承认"酒香不怕巷子深"正在被"酒香也怕巷子深"的现实所掩盖，曾经有过的"贡米"辉煌也成了一个美丽的传说。

"为什么有着悠久历史底蕴的'长粒香'米成了无人问津的'大路货'？一次偶然的工作餐让我们恍然大悟。"据农场前党委副书记张向阳介绍："那是在2011年初，我们用'长粒香'米饭接待了来农场采访的新华社和人民日报社记者。饭后，见多识广的记者们评价说，江川农场'长粒香'米的色、香、粘，绝不逊色于黑龙江五常'稻花香'米，欠缺的就是在品牌文化上的定位和宣传力度还不够大。"一语点醒梦中人，于是产业与文化对接，通过宣传形成品牌产品的大幕徐徐拉开。

首先，农场党委依托"长粒香"米源自辽金时期的历史典故，在"早"字上寻找突破口，提出了"这里是北大荒最早飘起稻香的地方"的产业文化定位。“对于这个定位，当时有许多在日伪时期就种植过水稻的兄弟农场持否定态度，后来了解到江川农场早在辽金时期就开始种植‘长粒香’米，并有传说故事后争议也就慢慢没有了。”江川农场前党委书记陈太平在讲述“长粒香”米品牌文化故事时还透露：“‘好粮源自北大荒、江川稻米第一香’是农场实现文化与产业融合对接后打造的产品广告语，多年来一直深受农场职工群众及省外客商的喜爱认可，其中上句‘好粮源自北大荒’摘自北大荒集团的宣传广告语‘好米源自北大荒’，只是将‘米’改成了‘粮’。下句‘江川稻米第一香’是由宣传部门提供，经农场党委会讨论后确定的。刚开始第一香的香是‘乡’，后来改成‘香’，有‘长粒香’米万里香飘的寓意。”2018年9月25日，习近平总书记视察北大荒七星农场精准农业农机中心时说：“中国人要把饭碗端在自己手里，而且要装自己的粮食。”农场党委深受鼓舞，表示要通过“长粒香”米品牌为国家的粮食安全做贡献，于是宣传部、文化局组织农场乡土“文化人”多次缜密推敲，“为咱老百姓奉献一碗放心米”的产业安全定位就这样诞生了。这里的“一碗”是指农场30万亩“长粒香”水稻的产量，也就是18万吨。

为使“长粒香”米文化真正成为支撑产业发展的保障，江川农场党委以召开产品推介会、产品访谈会、北大荒头米拍卖会、北大荒第一廉拍卖会为契机，利用中央电视台、人民日报、中国农垦杂志、黑龙江广播电视台等国内媒体对“长粒香”米产业文化进行了大力度宣传。2014年，时任国家农业部副部长刘成果通过报刊电视了解到“长粒香”米的传奇故事和文化内涵后，欣然题写了“丰韵”两个刚劲有力的大字，农场人把这两个字镶嵌在了地标性雕塑建筑物上，希望“长粒香”米永远生长在丰收的韵律上。与此同时，农场还完成了江川牌“长粒香”商标注册，成功申办了绿色食品标志，产品统一包装设计、统一品牌销售，达到了“开袋飘香”，内涵突出，产业+文化=品牌的发展效果。去年江川牌“长粒香”米销售量超出了50万吨，实现总产值15.8亿元，利润5 800万元。

吉垦金沙柚：从举步维艰到品牌化发展之路

江西省吉水县垦殖场　江西省共青城市文明办
江西省九江市庐山综合垦殖场
夏璐　黄爱　刘璐

白水，金沙，品牌柚；树美，花香，果鲜亮。2016年，习近平总书记在视察井冈山时品尝了井冈蜜柚，称赞道："味道不错。"

井冈蜜柚是对吉安栽种的桃溪蜜柚、金沙柚、金兰柚的统称，而金沙柚尤以吉水县白水垦殖场种植的"吉垦金沙柚"的品质最佳。它经历了艰难起步到万亩基地再到品牌化发展之路，如今成了大山里的"小康产业"，老百姓的"甜蜜事业"，红土地上的一道亮丽风景线。

白水垦殖场"吉垦金沙柚"种植基地

举步维艰 开启“无中生有”的规模化种植

白水垦殖场地处井冈山脚下东面，种柚历史悠久，不过先前栽种的只是一种名叫“毛皮柑”的土柚，当地百姓在房前屋后零散种植，中秋节时供自家食用。后来，从金兰柚与沙田柚杂交获得的杂种植株中培育出的金沙柚，具有丰产稳产、抗寒性强等生长特点，以及汁多、味甜、果肉化口等品质特征。1992年冬，白水垦殖场大胆创新，举全场职工之力引进并规模种植了198亩金沙柚，种植一年成活后，承包给种植户。

果树种植就怕走弯路，一错就是几年不见产量，还消耗人力、财力、物力。由于白水垦殖场首次规模种植金沙柚，缺乏病虫害的防治、树体修剪等方面技术，走了不少弯路。甚至有的承包户不知金沙柚树结果习性，修剪时把结果母枝剪去了，导致很多金沙柚树多年结果少，甚至不结果。

福无双至，祸不单行。1998年，规模种植的金沙柚终于结果，但这年冬季天气寒冷，金沙柚树枝干基本冻死。第二年春季，种植户只能锯掉主干以上部分，让树枝重新发芽。这样，几年的心血全部白费，接连的挫折使得五六户种植户放弃管理，果园处于荒芜状态。

为了挽救金沙柚产业，当时垦殖场班子一方面重新调整了承包基数，在原来的承包基础上降低20%，并挤出资金帮助果农生产自救。另一方面，聘请省果树专家邓毓华教授为果树生产顾问，为果农常年提供免费技术服务，及时解决种植及生产过程中的技术问题。经过三四年的调理，果树重新结了果。

“走出去”扩销量 “增规模”提产量

欧阳建生，现任白水垦殖场场长。他出生在白水垦殖场，是一名垦二代，1984年从学校毕业后一直在白水垦殖场工作，经历了金沙柚从引进种植到大规模推广的全过程，特别是在拓展金沙柚的销路和品牌打造上做出了巨大贡献。

当时，刚产出的金沙柚只在吉安本地销售，每斤5毛钱。由于销量不大，成交价格低，种植户的生产积极性再次受到伤害。如何提升销量和提高售价成了金沙柚的发展又一难题。

为了提升金沙柚的销量，时任白水垦殖场场长助理的欧阳建生同志大胆提出金沙柚“走出去”战略。他带领垦殖场三分场场长吴建苟、种植大户王民根，背着两袋金沙柚到湖南、萍乡等地一带水果批发市场找销路。通过带去的金沙柚与湖南、萍乡一带水果批发市场其他柚类产品对比，金沙柚比其他柚子更好吃。批发商们吃了都赞不绝口，当即以每斤1.1元的价格收购白水垦殖场的全部金沙柚。从2005年白水金沙柚走向湖南、萍乡一带以来，每年的销量和价格都在提升，从此拉开了白水金沙柚省内省外畅销的序幕。

随着销售市场向外打开，2008年白水垦殖场开始扩大金沙柚种植面积。2009年8月12日，省农业厅毛厅长视察该场新建果园后，高兴地说：“技术措施非常到位，栽一年多的时间就长得这么好。”2010年至2017年之间先后扩建生产基地5 000多亩，另外带动周边村种植5 000多亩，在白水地区，金沙柚种植基地面积达万亩。

资源整合　精耕细作　打造品牌化金沙柚

品牌是农产品的形象。只有一个好的农产品形象，才能更多地被市场了解和接受。随着金沙柚产量和销量的增加，白水垦殖场又向着打造品牌化金沙柚的新征程迈进。

做好资源整合文章。2009年，白水垦殖场利用当地果业基础好的优势，将果农组织起来，成立了白水绿源果业合作社。同时，当年白水金沙柚被吉安市纳入统称的“井冈蜜柚”，列入重点富民产业，重点推广。2016年，在吉水县委、县政府的支持下成立了吉水蜜柚协会。通过抱团，先后推出了“井冈蜜柚”和“吉香万里”两个柚子品牌。

做好品牌建设文章。通过在垦殖场全面推行统一整地标准、统一培植苗木、统一技术服务、统一品牌包装、统一订单销售的“五统一”模式，积极推进白水金沙柚品质提升，以此形成了以白水垦殖场三分场为中心向外辐射半径为15公里的金沙柚最佳品质种植区，离中心越远，品质越差。由此，2017年11月，成功注册“吉垦金沙柚”商标。2018年3月，以白水为中心注册了“吉水蜜柚”地理标志证明商标。此外，2017—2019年连续三年参加了中国国际农产品交易会产品展示，为“吉垦金沙柚”走向全国发挥积极作用。

在白水种植的金沙柚，是大山里的“小康产业”，老百姓的“甜蜜事业”。站在白水的山岗上，放眼铺天盖地的柚林绿色，看到的是处处生机勃勃，用白水老百姓的话说：“家有一亩柚，就是万元户；家有十亩柚，小康不用愁。”

索伦牧场的四季之歌

内蒙古索伦牧场　金朋

青山掩映、绿水环绕，坐落在大兴安岭脚下的兴安农垦索伦牧场，有着世外桃源般的静谧与安详。清晨，当太阳的第一缕柔情薄薄的撒在缭绕山间的白雾上，如水的轻雾中索伦牧场亦若美人一般，悄悄地拉开了面纱。这里有勤劳质朴的人们，有远离尘嚣的悠然，有源自河谷的麦香，更有四季如歌的美景……

你看，春天的脚步在牧场走过，消融了山间的冰雪，褪去了一冬的寒冷。清早起来，雪白的羊群寻着泛绿的青草漫步在山坡上，星星点点、悠然自得，仿佛天上的白云倒映下的影子。小小的牧场，在这一方宁静的山水之间，伴着袅袅升起的炊烟也慢慢变得生动活泼起来。北方的春天，来得迟去得快。在春的尾巴上，隆隆的机声打破了田野许久的沉寂，一台台或红色或绿色的大型拖拉机牵引着播种机、镇压器往来穿梭，它们用铁犁划开沉睡一冬的土地，让泥土的清香尽情宣泄在天地之间，是农垦人在大自然中演奏出的丰收序曲。

随着天气渐暖，山野间的野花相继开放。就说索伦牧场的自然景观将军石下吧，低调的杜鹃悄悄地染红了一个个山坳，绚烂的杏花亦如花海般灿烂了整片山坡。蜿蜒流转的哈干河畔，星星点点的各色野花静静地开在草原上。抬眼望，四周青山如黛，浓浓绿色肆意洒脱；低眉处，脚下碧水潺潺，河面上偶有野鸭、鸳鸯等飞鸟起落。蓦然回首中，就宛如置身于浓墨重彩的山水画中，心似白云、意如流水，远离纷繁、恬淡安适。此时间，牧场种下的万亩小麦苗儿整齐，青绿色的麦田里，风拂麦稍碧浪滚滚，远处油菜花香金黄灿烂，让山野间写满了色彩与风景、勤劳与收获。

索伦河谷小麦种植

素有“索伦河谷”之称的索伦牧场，自然环境得天独厚。无论行走在牧场的哪一个方位，蜿蜒流转的小河、溪水总是常伴在身边的不远处。夏末秋初，雨变得多起来，河谷的晨雾也浓了。踏着星辉攀爬栈道，于云海晨雾中观日出东方、观山河壮美，看雾如流水翻涌在两侧山峰环绕的河谷之中，可将河谷美景尽收眼底。这时候，正是牧场小麦开镰收获的时节。位于北纬47°黄金小麦产区的索伦牧场，当地的18.6万亩耕地全部通过了国家绿色食品原料标准化生产基地认证，场内红小麦种植面积1.3万亩。不仅是兴安盟盟内产业化深加工项目发展的重要原料保障和供应基地，也为牧场农业产业化发展奠定了坚实基础。在儿时的记忆里，最难忘的味道就是源自这一份麦香。那时候，牧场人家家户户吃的面都是自家地里种的小麦磨出来的，每到饭时，吃着母亲亲手蒸出来的白面馒头，配上自家院子里种的小葱，再蘸点自家黄豆制作的东北酱，就是一餐美食。慢慢地，随着改革发展场里成立了规模化经营管理区开始集约化、机械化种植小麦，并依托万亩原粮基地对场内原有面粉厂进行了重新注册，成立了场属兴安盟索伦河谷兴垦食品有限责任公司，园区内现代化的面粉厂生产车间里每一粒原粮都来自牧场绿色食品原粮标准化基地生产的优质红小麦，主打的“索伦河谷”系列面粉在加工过程中不添加任何改良剂，面质细腻、麦香浓郁。就这样，索伦牧场人秉承初心，不仅延续了源自记忆深处的那一份麦香，而且让带有农垦印记的优质、绿色、健康农产品走出了“家门”，完成了小麦从种到收、从田间到餐桌的全程产业链。

千里沃野披锦绣、万亩田畴说丰年。在索伦牧场，秋是让人期待的，因为经过春的播种、夏的洗礼，这里的秋天写满了收获。在农场，有绿色的农机在金色的麦浪里穿行；在林间，只要兜兜转转一圈总会采摘到木耳、蘑菇等野山珍；在农家，辣椒、西红柿、豆角、黄瓜等各色的蔬菜瓜果，欢乐了整个菜园。更不用说高山上倾斜下来的各种色彩，当真是应了苏东坡那句“一年好景君须记，最是橙黄橘绿时”的好诗。

近年来，兴安农垦索伦牧场因“索伦河谷”的美景为越来越多的人所熟知，而华丽的光影之下牧场立足万亩原粮基地创建的“索伦河谷”系列面粉品牌，也成了牧场新的名片。伴随着当季秋天的原粮收获，新一轮的生产也紧锣密鼓地开始了。此时，走进牧场食品加工园区的面粉生产车间，经过浸润的麦粒裹挟着清香被传送到制粉设备中，经过一轮轮的磨粉、配粉，最终完成由小麦原粮到产品的身份变化。

当秋天渐远，冬天来了，轻盈的雪花漫天飞舞，喧闹了一季的牧场也渐渐变得宁静起来。很多人都说冬日凋零，却不知冬日自有风情。在北方的冬天，只有当看到大雪纷飞，晶莹剔透的覆盖在马路上、飘落在屋顶上、停留在远山上，才会觉得这个冬天变得真切。脚踩在地上，嘎吱嘎吱的声音与身后串串的脚印，是留恋；林间树枝上，覆盖着白雪的冰凌宛如倒挂的水晶，是美景；牧场人家中，临近年关时各家各户杀年猪邀亲朋，是幸福……这时候，端上一盘用河谷面粉包的饺子，一家人围在一起聊一聊场里的发展、谈一谈来年的打算，便是牧场人家最有烟火气息的生活。更别说20世纪70年代初在牧场奋斗过的老知青和复转军人，当他们再次踏上这片土地后，最眷恋的除了牧场的山水、亲密的战友，就是曾经粗茶淡饭留下的深深回忆。“馒头出锅了，凉菜里的腐竹是场里自己生产的，锅里还有小鸡炖蘑菇、白菜炖豆腐！哥几个慢着点吃哦！”听着老战友的招呼，吃上一口刚出屉又暄又甜的大馒头、再品一品腐竹和豆腐，这些简简单单的熟悉味道，就能够让曾经流血流汗不流泪的人儿激动得热泪盈眶。虽没有大鱼大肉，却是对那个纯真年代最美好的回忆，满含着对原生态、无污染自然环境中生长的纯净自然食粮的敬畏与赞叹！

一年年冬去春来，兴安农垦索伦牧场坐落在自己的美景中宁静安然，承载着牧场人对家乡的热爱和依恋，更用她的灵山秀水演绎出了一幅四季如歌的美丽画卷。

一片树叶的故事

广东省广前糖业发展有限公司　刘接文

一片树叶落入水中，改变了水的味道，从此有了茶。茶，经过了水与火、生与死的历练，与我们相遇。

茶名

茶树多长于山上，而在祖国大陆的最南端雷州半岛徐闻县，离海仅千余米处，广东省华海糖业发展有限公司生态茶园里种植着全国独有的“海洋茶”。

“雄鸥”是地名，是村名，也是茶名。

自20世纪80年代起，华海公司生态茶园便开始大批量种茶，种植面积达2 000余亩，距今已有将近40年的历史，主要种植品种有绿茶、红茶和毛尖。而这一片茶园产出的茶，被命名为“雄鸥”牌。

生态茶园风貌

茶境

一碗茶汤几千年的韵味，中国人所念所想依然是茶的本源自然。秉承着这一理念，自1987年初开始，华海公司的生态茶园就不再施放农药、化肥。

“我们追求的一个目标就是能让我们的茶园在原生态的环境中去自然地生长。”茶园里的茶人说。

茶园从未使用过农药化肥，对付害虫的是自然界的天敌，肥沃土壤的是猪牛粪、滤泥、炉灰、甘蔗渣等有机肥。茶园内通过三行条状密植和茶园大覆盖，控制杂草生长，无需翻土、晒畦，松土层可保持20厘米以上。茶园利用猪栏等废水建设微喷工程，改善水质、提高净水效能，保护土壤。这些自然独特的生长环境便造就了绿色有机生态的“雄鸥”茶。

茶序

辛苦采摘一天，在太阳落山前，将茶青送到茶厂，开始制“雄鸥”茶的第一道工序——杀青。

广东省华海糖业发展有限公司生态茶园于1995年研发出利用蒸汽杀青、为茶叶脱水的一种生产工序。据“茶圣”陆羽所著的《茶经》中记载，“蒸青”其制法为：“晴，采之，蒸之，捣之，拍之，焙之，穿之，封之，茶之干矣。”

“雄鸥”茶采用独特的蒸汽杀青加工方法，经蒸青软化后揉捻、干燥、碾压、造形而成，由于蒸汽杀青温度高、时间短，叶绿素破坏较少，加上整个制作过程没有闷压，所以蒸青茶的叶色、汤色、叶底都特别绿，成功地克服了大叶种绿茶的品质缺陷，杜绝了一般绿茶常见的烟味、焦味、苦味和涩味的缺点。

人们喜爱绿茶清汤绿叶的品相，更看重它的健康功能，尤其是绿茶抗癌的作用，日益受到人们追捧。“雄鸥”牌特制的蒸青绿茶，其色泽绿黄，两色浑然天成，味道香郁若兰，入口后回甘迅猛，很快唇齿间便是满满的甜香。

茶人

这个世界上，有一种人，因茶而生，以茶为伴。他们，叫做“茶人”。华海公司生态茶园的土地孕育了茶树，而这里的“茶人”们将茶视为一种沟通天地的生命。

来自同一棵茶树的叶子，可以调制出千变万化的香。经过“茶人”双手打磨的茶，色香味形俱佳。然而，如果想要成为茶中珍品还要最后一道关口——选茶。“雄鸥”茶叶的标准就是要完整，不能太大，不能太小，颜色要均匀，形状饱满，品相上佳。

茶语

“雄鸥”茶，它本是一片树叶，经由“茶人”的双手，变为一道可口的饮品。它登上时代的货船、货车，走过漫长的旅途，在世界各地生根。

一片“雄鸥”茶叶经历磨难，一次次死去，一次次涅槃重生，用生命的诗意告知人们，在明知不完美的生命中也可以感受到完美。而这一杯“雄鸥”茶的馨香，让我们停留下来，或者，奔向远方。

“黄羊河”的前生今世

甘肃农垦黄羊河农场　徐福红

在甘肃河西走廊，从东往西翻过乌鞘岭，越过古浪峡，在约30公里外的腾格里沙漠南缘，有一片面积约80平方公里，倒葫芦状的绿洲，她就是美丽的黄羊河农场。

以这边小小的土地为发源地，甘肃农垦事业逐步发展壮大；以这块小小的土地为基地和加工厂，种出的葡萄酿造的莫高美酒品牌价值位居中国葡萄酒第四；这块小小的土地上成长起来了国家首批农业产业化重点龙头企业之一黄羊河集团；这块小小的土地还被称为全国农垦现代农业示范区；在这块小小的土地上种植和生产的甜糯玉米系列产品为主导，“黄羊河”商标被国家工商总局（今国家市场监督管理总局）认定为中国驰名商标；这块小小的土地上还孕育了一个全国文明单位——黄羊河农场。

黄羊河农场风貌

1952年9月，甘肃省农林厅根据西北农林局指示，组成国营机械农场勘查团对祁连山北麓黄羊河灌区下游的部分荒滩进行了初步勘查。1953年5月，依照中央人民政府农业部于1952年公布的《国营机械农场建场程序暂行办法》，甘肃省农林厅在省委、省人委的支持下，从省级有关单位临时抽调有关方面的技术干部18人，组成黄羊河机械农场勘查团，对黄羊河、杂木河下游的彼此相连的戈壁荒滩进行了详细勘查。勘查团成员住地窝、睡帐篷、啃窝头，在仪器设备简陋、交通工具缺乏、环境艰苦恶劣的条件下，完成了勘测任务。1954年5月，成立国营黄羊河机械农场筹建处，在西北农林局工作组的协助下进行建场规划设计。同年底，省农林厅经西北行政委员会报政务院批准，成立"甘肃省国营黄羊河机械农场"，为甘肃农垦事业的发展开了局。

黄羊河农场成立以后，大批国家干部、当地农民、转业官兵、支边青年、知识分子，怀着建设大西北的雄心壮志，陆续投入到开垦建设黄羊河农场的广阔天地。他们啃窝头、住地窝、抗风沙、战严寒、斗酷暑，在这片荒无人烟、风沙肆虐的戈壁荒滩上，建房筑路、开荒造田、兴修水利、植树造林、改善生态环境、发展农业生产。经过20多年艰苦卓绝的奋战，为后来的发展奠定了坚实的基础。

中共十一届三中全会似一声春雷，唤醒了农垦这片沉寂的土地，黄羊河人发扬"艰苦创业、勇于开拓"的精神，迎着改革开放的春风，以改革为动力，以解放和发展生产力为目标，改革经营管理体制，彻底砸烂了"铁饭碗"，解决了吃"大锅饭"的问题，改变了在分配上的平均主义，充分调动广大职工的积极性，提高经营管理水平。1981年，黄羊河农场在甘肃农垦第一个实现扭亏为盈，当年实现盈利5.17万元。1984年，黄羊河农场又率先在甘肃农垦兴办职工家庭农场，推行家庭农场联产承包责任制，实行大农场套小农场的经营体制，变"大锅饭"为"小锅饭"，当年实现产值640万元，盈利55.5万元，职均收入1 406元。

进入"九五"以后，随着社会主义市场经济的飞速发展，农产品市场竞争的加剧和买方市场的形成，黄羊河农场这个过惯了"皇帝女儿不愁嫁"日子的国营农业单位，突然处于产品卖不出去的尴尬境地，农产品价格普遍下跌，效益下滑，农业发展到了举步维艰的境地，一度出现职工收入下降、企业经营困难的局面。面对困境，黄羊河干部职工精诚团结、攻坚克难，在反复论证的基础上，制定了“以改革为动力，以市场为导向，以种植业为基础，以加工业为突破口，以经济效益为中心，走产加销一条龙、贸工农一体化的农业产业化经营之路”的发展战略，按照这一战略，大胆改革与社会主义市场经济不相适应的管理体制，大力发展农业产业化经营，积极培育企业新的经济增长点，使企业逐步摆脱困境，步入了快速发展的轨道。

甜糯玉米收获

“十一五”以后，是黄羊河建场60多年经济增速最快、员工得到实惠最多、场区面貌变化最大、企业社会地位迅速提升的时期。这些年来，黄羊河人面对自然灾害频繁、市场竞争加剧和国际金融危机所带来的重重困难，创新思路、抢抓机遇、勇往直前，以争创区域经济和社会发展中现代农业、农业产业化、城镇化建设的“三个典范”为目标，创立且坚持经营方式产业化、组织形式股份化、生态环境良性化、生活方式城镇化、企业文化个性化的“五化发展模式”，实施人才、品牌、诚信“三大战略”，培育全国现代农业示范区、国家级生态农业休闲旅游示范区、省级特色农产品加工集散物流示范区、武威市高效节水生态循环农业示范区等“四个示范区”，谱写了黄羊河农场发展史上浓墨重彩的崭新篇章。

经过几代人的艰苦努力，目前黄羊河农场经济发展速度进一步加快，农业现代化建设水平显著提高，产业化龙头企业更加强大，场容场貌发生巨大变化，企业文化建设收效硕大，企地关系空前融洽。在企业经济不断增长的同时，其他各项社会事业也得到同步发展。黄羊河集团公司先后被评为“国家级精神文明建设先进单位”，全国首批151家农业产业化重点龙头企业之一，“全国无公害农产品示范基地”“全国农垦现代农业示范区”，黄羊河集团公司党委被评为“全省先进基层党组织”。

黄羊河农场建场60多年来，从无到有，从小到大，从弱到强，从贫穷到富裕，从计划经济到市场经济，从单一的农业生产到农工商综合经营，从纯而又纯的公有制经济到以公有制经济为主体、多种所有制经济共同发展，经历了艰难而曲折的发展过程。黄羊河农场的历史是几代黄羊河人艰苦奋斗、勇于开拓的创业历程，黄羊河品牌的发展是中国农垦千千万万品牌故事的模板和缩影。新时代的黄羊河人将在党的坚强领导下进一步开拓创新、攻坚克难，认真践行习近平总书记关于国有企业改革发展的战略思路，迈出企业高质量发展的坚实步伐，为助力实现伟大复兴的中国梦做出农垦人应有的贡献。

一个食品国企的 40 年

——古船面包的品牌故事

北京古船面包食品有限公司　张炳钰

一个普通工作日的上午，市场部小张接到一通来电，屏幕上显示是来自北京的座机，本以为是某个推销机构，但小张接起电话，那头却是一个慈祥老者的声音。

老人说话从容不迫，带着历经岁月沉淀的耐心和北京人民特有的平和，缓缓解释道：“我是前阵子在古船面包淘宝店买面包的客户，买的是你们叫小方吧……”听到这里小张已经大概知道了是哪位客户。“小方”是古船面包员工长久以来对“400g主食切片”这一产品的内部叫法，没有点年头的客户是不会知道这一名字的。她想起前阵子有位女士来下单，说是父母吃了很多年古船面包家的产品，“非典”时期她不在国内，父母老两口便自己乘公交车来通州厂里买，这么多年一直在吃，现在终于能在网上下单送货上门了。小张跟老人确认身份，对方答：“是的，我们从面粉十厂的年代就开始吃，就爱吃你们家，面包口感纯正没杂味……”做线上零售以来，这样令人感动的好评反馈小张已经收获了无数，但听到“面粉十厂”这个词，她的心头还是不禁感慨万千。

小张是近两年才来到古船面包的，但她听厂里老人讲过，古船面包公司，前身只是北京市面粉十厂里面的一个食品分厂，一个坐落在永安里的小小车间。最开始，这个只有二三十人的小车间尝试过很多食品品类，后来随着改革开放的深入，西点越来越广泛地传入中国，面包作为主食开始出现在中国人的餐桌上。就像现在的年轻人不会放过任何一个时下热点一样，当时这个车间也没有忽略这一商机，他们走出计划经济的舒适区，走出国门，从德国采购回来了专业的主食生产线设备，学习到了最正宗的欧洲传统烘焙工艺，从此开始了几十年的面包生产加工之路。由于使用的是十厂的面粉，具有天然的优质原材料优势，配上专业的技术与设备，再加上师傅们对于品质的用心把控，这款主食切片成了古船面包经久不衰的经典产品，至今仍有许多追随者，迷恋于它的麦香与筋道，它的新鲜与纯粹。尽管包装经历了数次更换，但是藏在消费者舌尖上的味蕾却从不会失忆，北京人民对它的信任与喜爱也历久弥深。

20世纪90年代初，小车间扩大成了一家中外合资的食品有限公司，在面包领域越走越专业，拥有的高级进口设备和工艺越来越多。1992年，随着肯德基在北京第一家店面开业，公司凭借着高竞争力顺理成章地成为肯德基华北地区供应商。合作近三十年来，获得了大拇指奖和最佳合作伙伴奖，并做到了与肯德基共同成长：产品方面不断推陈出新——黑色的墨鱼汉堡胚、红色的红甜菜汉堡胚、甚至还在世界杯期间供出一批足球形状的汉堡胚以献礼市场。不仅在外形上用心设计，品质方面也在不断寻求突破——两片不起眼的面包，不仅有浓郁的麦香引起人的食欲，还有各种优质原材料锁住产品的营养：古船牌的高端面粉、精挑细选的白芝麻仁和正宗进口黄油。一次次奖杯上承载的不仅是产品的良心工艺，还有企业员工的真诚服务。从几百家门店的订单处理到货物配送，只要肯德基提出要求，这家公司总是无条件支持与配合，用专业的业务素养和用不完的耐心，用实际行动来证明着企业的实力与担当。

2001年，厂区从永安里搬到了通州，2007年，由北京粮食集团和北京古船食品有限公司共同投资，成立了现在的北京古船面包食品有限公司。更换成国有企业的身份背景之后，古船面包的使命感与市场意识也变得更加浓厚，布局了国家级宾馆餐厅线、高校学生食堂线和重点商超线等战略合作客户。2017年，公司的发展再度迎来了新的转机。经过研发团队的不懈努力，古船面包将烘焙食品从传统西餐变成一道美味的中餐菜式——面包诱惑。这不仅成了绿茶餐厅的招牌单品，也成了古船面包继汉堡胚之后的第二大单品，而不同于汉堡胚的是，这款产品由于其外形与口感都十分优越，因此被定位成轻奢产品，具有高出传统产品许多的附加值，获得了消费者和业内的一致认可。北京地区的成功供货将二者的合作推向了更为广大的地区。在解决了冷冻物流的一系列测试后，古船面包开始给绿茶餐厅在全国各地的门店供应，绿茶也因此成了除肯德基以外古船面包的又一大型连锁餐饮订制客户。这一成功案例给古船面包带来了启发。2018年，古船面包又与壳牌石油的便利店系统达成合作，供应司康等当前各大咖啡厅及高级酒店里最受欢迎的一些产品。深深扎根于品质的古船面包开始了中高端烘焙品牌之路。

从面粉厂的小车间到国际化的专业烘焙工厂，古船面包走过了近四十年的历程。设备越来越先进、人员越来越专业、市场越来越广泛、产品越来越优质，践行着首农食品集团“食安天下，惠泽万家”的使命，拥抱市场、敬畏客户，牢牢守住食品安全的防护墙，为百姓带来更多健康美味的好面包。

唯有奋强多壮志
敢叫溢香飘万家

——“禽蛋之王”何雪平创业传奇

江西省瑞昌市溢香农产品有限公司　何雪棉

小蛋大做，一辆推车创大业；

弱女奋强，十五年媳妇熬成婆。

在长江入赣第一市的瑞昌市有一位奇女子，她从一枚禽蛋做起，骑一部自行车出发，从名不见经传的村妇，华彩转身成为江西省农业产业化经营优秀龙头企业、全国绿色食品示范企业的董事长，江西省劳动模范，她就是被誉为“禽蛋之王”的瑞昌溢香农产品有限公司董事长何雪平。

不屈的农村女　艰难的创业路

何雪平出生在九江县（今柴桑区）的一个贫困农民家庭，与农村其他贫困孩子一样，小学没读几年就辍学在家干家务活，成家以后，日子照样清贫，为此，何雪平夫妇平时也经常为油盐柴米发生争吵。再也不能这样活，贫穷的日子一定要想法子改变，何雪平心中经常这样想。2003年的一天，何雪平毅然关闭了收入微薄的小百货店，改行做起了“蛋”生意。她同丈夫一起拖板车、骑自行车走村串户收购鲜蛋，再到农贸市场卖，足迹到遍了本市及周边县区的每一个村落，成了一个名副其实的“蛋贩子”。风里来，雨里去，夫妻俩历尽艰苦，可手中的盈余仍然所剩无几。此路又不通，怎么办？善于观察事物的何雪平在“贩蛋”过程中发现，咸蛋、皮蛋产品在市场上有很好的销路，可本地却没有一家生产厂家。“本地没有蛋品加工企业，要是自己能创办一个加工厂就好，这样既能自己致富，又能带动同村姐妹们提高收入！”

于是她决定再放手一搏。夫妻俩于2005年3月东拼西凑了50多万元资金，邀集了十几个本地农村妇女，租用了瑞昌市公路局在武山铜矿旁边一处200多平方米的空房作为厂房，生产加工熟咸蛋、皮蛋，开始了她人生当中的艰苦创业之路，书写着“禽蛋传奇”。

建厂初期

新厂区

成功的创业者　善爱的传送人

2019年12月15日，江西南昌绿地国际博览中心，第十七届中国国际农产品交易会在这里隆重举办。博览中心厂家云聚，名品荟萃，来自全国各地的知名企业展示着各自的特色农产品，吸引着前来观赏、选购的市民。在一处展位前，人头攒动，争相选购，几位身穿印有“溢香产品 香飘万家”字样工作服的人员在不停地忙碌着，不一会儿，几大箱产品销售一空。看着这情景，带队参加展销的公司总经理何雪平心里充满着喜悦。

说起瑞昌市溢香农产品有限公司创始人何雪平，当地人无不赞叹：“能干、肯干、会干。”“不容易，不简单。”而创业过程中的艰辛，创业发展的压力，个中滋味只有何雪平自己才知道。

2005年，何雪平创办的瑞昌市溢香禽蛋加工厂正式开工运行。因为走对了市场的路子，销量一路看涨，当年就实现产值近百万元。这是何雪平创业捞的第一桶金，因而也充足了她帮助乡亲们致富、抱团取暖的底气。于是，由她领头于2007年发起成立了瑞昌市溢香禽类专业合作社，初始社员45名，合作社成员的鲜鸭蛋由加工厂统一收购。何雪平给加工厂员工的承诺是：赚了是大伙儿的，亏的算我何雪平的；给合作社养殖户的承诺是：行情不好时价格兜底，蛋价上涨时赚的归你！从而，一个心归一处、同享共赢的发展新局面正式形成。

2009年，加工厂转型升级为公司，瑞昌市溢香农产品有限公司注册成立，公司搬迁至瑞昌市工业园，当年投入资金800余万元新建厂房、购置生产线，开启了“二次发展”的征程。公司一边建设一边生产，当年实现销售收入1 800多万元。2017年再次发展升级，公司新增建设用地21亩，新建生产厂房、仓储18 000多平方米，新增了自动化生产设备，公司生产能力进一步增强。至此，公司已有员工300多人，年加工鲜蛋能力达到1亿枚以上。2019年公司实现销售收入1.5亿元，实现利润920万元，上缴税收112万元。溢香禽类专业合作社也由成立初期的45名社员发展到如今158名，辐射带动2 000多农户，全市鸡鸭等禽类存栏由20多万羽增加到50多万羽。为增强企业造血功能和市场竞争力，何雪平不断研发新产品，倾力开发的溢流香产品先后20多次在全国绿色农产品展销会上荣获金、银奖，产品畅销全国20多个省市自治区，并出口日本、韩国、东南亚和非洲等地。

何雪平带队慰问防汛抗洪人员

在与企业员工、合作商家同享共赢企业发展红利的同时，她时刻不忘承担社会责任。积极参与支持社会公益事业。10年中，帮扶8名贫困大学生完成了学业，为100多户建档立卡贫困户提供了致富商机，为福利院、孤儿院捐款近30万元。2016年防汛期间，何雪平带头组织员工突击队参与抗洪，同时为一线抗洪战士和其他抗洪人员赠送价值约3万多元的慰问品。2020年疫情期间，免息借款300万元给30个养殖户，解决养殖户资金燃眉之急，是年5月，向新疆维吾尔族自治区阿克陶县皮拉勒乡墩都热村捐献扶贫款10万元。

科技的追随女　睿智的奠基人

何雪平身上流淌着的是农民的血脉，坚守着振兴民族企业的初心，一步一步地从传统工业向现代科技工业迈进。近五年来，公司不遗余力地进行产品研发，先后取得专利92项（其中发明3项、实用新型49项、外观设计40项），先后被授予国家高新技术企业、江西省科技型中小微企业、知识产权优势企业等荣誉称号。公司还组建了智慧营销团队，让新产品尽快打入市场、热销热卖。2020年公司大力引进高科技人才，聘请7名了国务院特殊津贴专家、江西省农科院、江西农大专家为公司技术中心委员，江西省农科院在公司建立了科技服务工作站，为溢香第三次飞跃插上了科技翅膀。

一分耕耘，一分收获。十五年来溢香农产品有限公司生产的熟咸鸭蛋、松花皮蛋获得绿色食品认证，并先后获得“江西省重点新产品”。公司注册的“溢流香”商标被授予“江西省著名商标”，公司被授予“江西省农业产业化经营龙头企业”“全国绿色食品示范企业”，由公司领办的合作社被农业部授予“全国农民合作社加工示范单位”。公司生产的“溢流香”牌咸鸭蛋、皮蛋每年都代表省、市参加全国各种不同类型博览会、展销会，并多次获奖。公司先后获全省“知识产权优势企业”“2015年度江西省专精特新中小企业”“江西省科技型中小微企业”，江西省委、省政府授予公司2016年度“全省农业产业化优秀龙头企业”。2017年公司被授予“国家高新技术企业”，江西省“科技型中小微企业”，公司生产的“溢流香”牌松花皮蛋、熟咸鸭蛋被授予“江西名牌产品”。

溢香产品，香飘万家！

北大荒米香飘万家的“秘密”

中国作家协会　孙凤山

“生态北大荒，米香飘千里。”当人们的胃口越来越刁，选择越来越挑剔，当把目光扎根在北大荒大米的时候，围坐一圈的就不仅是温饱的飘香米饭，还有温馨、友好和共赢。其实，北大荒大米香飘千里，是一条不可复制的路。一个优秀品牌的脱颖而出，一种大米声誉的拔地而起，不仅是一寸一寸光阴的衔接，一滴一滴汗水的衔接，一个一个智慧的衔接，更有一个一个坚守与砥砺、创新与发展的“秘密”。

第一个秘密，是深藏于黑龙江三江平原、沿河平原及嫩江流域的宝典。这里有丰富的水利资源，地表江河纵横，地下水量可观，大气降水充盈，极为适宜农业发展。神奇、富饶的2 912万亩耕地，以盛产小麦、大豆、玉米、水稻等粮食作物，尤其是北大荒大米驰名全国。位于北纬45°亚寒带的北大荒，因为其独特的气候条件和水土资源，成为中国的“大粮仓”。

生长于黑龙江垦区的北大荒米独有的品质得益于如下优势：一是独特的地域优势，充足的阳光雨露。二是半年的超长生长周期。三是肥沃的黑土壤，富含丰富氮、磷、钾等多种矿物元素，正所谓“捏把黑土冒油花，插双筷子也发芽”。四是纯净无污染的河水或井水灌溉，优越的生态环境孕育了优质的北大荒大米。一是色白：颗粒饱满，质地坚硬，色泽清白透明，也有半透明和不透明的。二是饭香：饭粒油亮，香味浓郁。三是性脆：蒸煮后出饭率高，黏性较小，米质较脆。四是质丰：有丰富的蛋白质、脂肪、维生素、矿物质等营养物质。五是形扁：横断面呈扁圆形。北大荒米饭闻其味：清香四溢、沁人肺腑；嚼其饭：黏而不松、质软不腻、满口生津；炖其粥：只要掀开锅盖，顿觉喷香扑鼻、甘醇满面；品其粥：汤稠香浓、松软香甜、清新润喉。

第二个秘密，是高高飘扬在黑土地之上的北大荒精神。在人类拓荒史上有这样一个国家的军人，献了青春献终身，献了终身献子孙。三代北大荒人怀着对军垦事业崇敬之的心，不断在黑土地上传承着奇迹。1947年，位于尚志市一面坡太平沟，来自延安、南泥湾的军人全部向荒原进军，播下了北大荒农垦事业的第一颗火种。1958年，王震将军亲率十万官兵挺进北大荒，把黑土地上的军垦事业推向了高潮。北大荒人用青春、热血和汗水，凝聚出了“艰苦奋斗、勇于开拓、顾全大局、无私奉献”的北大荒精神，形成了一种“诚信、务实、创新、卓越”的企业文化。

这之后，54万城市知识青年、20万支边青年、10多万科技人员，从五湖四海走到一起来，高举北大荒精神大旗，用千万吨北大荒大米，滋润着世纪曙光。密虎宝饶，千里沃野造良田。三代北大荒人披荆斩棘，前赴后继，勇往直前，献给祖国的不仅是一个安稳天下的粮仓，还有一种永世长存的北大荒精神。这正是一个伟大民族不朽的灵魂。北大荒大米在全国独树一帜，60多年来，它成就了中国大米领航者”品牌，夯实了国人餐桌主食的基础！

第三个秘密，是走出了一条“品牌化”销售的成功之路。一是理性定位品牌。北大荒拥有生产世界优质大米的自然优势，北大荒品牌系列大米被评为中国名牌产品、最具市场竞争力品牌产品，成为老百姓厨房餐桌上的“放心米”，在大米的质量上北大荒已经做到极致，北大荒有实力冲击中国大米行业的领导者地位。因此，定位随之而出，该品牌定位告诉消费者：北大荒有行业最优质的大米！二是包装美观实惠。首先在包装规格上精心设计。通常一般家庭购买会多选择10kg装和15kg装，另有一部分餐饮、单位或大家庭采用25kg装。北大荒还开发5kg装的“礼品米”市场。其次精选包装材料，再次色彩喜庆和谐。在绿色主色调基础上，加进金黄色、红色、米色等的颜色和一些简洁流畅的线条，突出实用色彩。三是实行网络电商经营，全力打造北大荒“一袋米”工程，让千家万户足不出户就能够购得北大荒大米，采用商标准用等创新措施整合北大荒大米生态健康牌，做足北大荒品牌文章。四是通过互联网开拓北大荒大米电子商务市场，不仅依托自身网络订购平台和强劲的物流配送体系，为消费者提供便捷的网购体验、实现“足不出户、购遍北大荒”，而且直通实体超市，做好快递业务，实现线上、线下全面服务。使消费者在拥有区域互动平台的同时，获得现实生活中的实惠。

正是有这么多“秘密”，尤其是电商创业和网络直销，极大地提高了北大荒大米的品牌度、知名度、美誉度和市场占有率，使北大荒大米更加香飘万里。出发点决定终点，从中国心出发，从改善人们的口味出发，北大荒大米牵着传统、创新的双手，还怕走不远么？

渠星啤麦“醉倒”日本客商

江苏省淮海农场有限公司　顾松平

提到“渠星”商标，大家自然而然会想到江苏农垦淮海农场的渠星大米，因为渠星大米在市场上的知名度太高了。实际上“渠星”商标下，除渠星大米以外，还有两个产品：渠星稻谷和渠星啤酒大麦（简称渠星啤麦）。其中，渠星稻谷是加工渠星大米的原粮。

渠星啤麦虽然没有渠星大米那么出名，但它获得的荣誉也不少。它与渠星大米一起较早获得中国绿色食品发展中心颁发的绿色食品证书，是江苏名牌产品，其品质有“能够与澳大利亚啤酒大麦质量媲美”的美誉。

渠星啤麦田间长势

谈到渠星啤麦，里面的故事还不少呢！今天就说说其中一个故事——日本客商赞赏渠星啤麦的故事。

21世纪之初，淮海农场的渠星啤麦在市场上已经有很高的知名度。日本某老牌食品企业决定到淮海采购近万吨渠星啤麦。不过，对方提出了一个苛刻的条件：在签合同前，得搞一次擂台赛，生产渠星啤麦的淮海农场必须坐上擂主位置，否则，这个生意就“泡汤”。

我清楚地记得，搞擂台赛那天，15位评委，有11位是日本客商带来的，只有4位是淮海人。幸运的是，我当时已经搞了近20年的啤麦生产，担任农艺师技术职务，又在淮海农场机关农林科工作，受邀担任了评委。

擂台赛赛场设在现淮海分公司机关办公楼二楼楼梯口的农业中心办公室内。一张长条桌摆放在会议室的正中间，桌上的北侧摆放着一排只有编号没有生产企业的10个啤麦，南侧摆放着由北侧10个啤麦生产的10大杯啤酒，每杯啤酒也编了号，大杯旁还摆放着一摞小酒杯，供评委倒啤酒品尝。日本客商给我们每位评委各发了两张表格，一张表格用来评比啤麦，另一张表格用来评比啤酒。啤麦按视粒性、色泽、气味、精度4个项目评比打分，啤酒按色泽、泡沫、气味、口味4个项目评比打分。每位评委按优、良、中、差对应的4、3、2、1分，在每个项目对应的格子内填写分数。表格填写好以后交由日本客商汇总计分，得分最高的啤麦生产企业即为擂主。

15位评委按抽签顺序，依次绕着桌子一项一项地仔细观察品尝啤麦1～10号、啤酒1～10号，同时填表打分。

经日本客商汇总，评比结果出来了。日本客商现场宣布：7号啤麦生产企业以总分238分夺得啤麦擂主头衔，9号啤酒对应啤麦生产企业以236分夺得啤酒擂主头衔。

随后，日本客商打开两只保密箱，先从1号保密箱中取出10个编号啤麦对应的生产企业，公布夺得啤麦擂主头衔的生产企业：“我宣布，7号啤麦生产企业为江苏省淮海农场！”又从2号保密箱中取出10个编号啤酒对应的啤麦生产企业，公布获得啤酒擂主头衔对应的啤麦生产企业：“我宣布，9号啤酒对应的啤麦生产企业是江苏省淮海农场！”

日本客商刚宣布完，室内顿时响起热烈的掌声。在掌声中，淮海农场场长与日本客商顺利签下了购销合同。

渠星啤麦标准化储存池

中午，淮海农场场长用以渠星啤麦为原料生产的啤酒招待了日本客商，并向日本客商介绍渠星啤麦获得的证书与荣誉。站在餐桌前的日本客商看到餐桌上杯子里啤酒清亮透明，涨出的泡沫洁白细腻，闻到带着麦香的啤酒味，还没等农场场长邀请，竟情不自禁地端起杯子先行品尝起来，喝着清冽可口的啤酒，对渠星啤麦的品质赞不绝口，称赞用渠星啤麦酿制的啤酒口味纯正，甘醇好喝！

自那次擂台赛以后，日本该食品企业成为淮海渠星啤麦的重要客户。

完达山奶粉诞生记

黑龙江省完达山乳业股份有限公司　仇春波

“加糖的新鲜牛奶，五分钱一斤，快来买啊！”

一阵阵稚嫩而羞涩的叫卖声回响在八五一一农场场部和兴凯公社的大街小巷。在冷冽的寒风中，刚刚从沈阳农学院畜产品加工专业毕业不久的大学生李影等几个小年轻正用手推车载着装满牛奶的奶桶，沿街叫卖。

把牛奶转化为好保存的产品，当时我国为数不多的畜牧专家张源培书记、场长心中早有打算。1964年，农场在畜牧一队（今七队）成立了奶品加工班，由李影等人用熬制的方法从牛奶中提炼奶油。1965年5月1日，在奶品加工班的基础上成立了乳品车间。1965年8月13日，调伐木队副队长胡成科任乳品车间主任。同年九月，在乳品车间的基础上开始组建八五一一农场奶粉厂，胡成科担任首任厂长。早在1958年，由黄色（陆军）、白色（海军）和蓝色（空军）汇成的十万转复官兵洪流中，有一位风华正茂的中尉军官，他就是胡成科。

20世纪60年代初，“大跃进”的余温还没散去，说建厂可能就是一夜之间的事情。当时称作乳品车间的作坊就建在“五号房”里，八五一一农场奶粉厂的雏形就是随着几口平底锅的架设而诞生的。这种奶粉生产方法成本高、效率低，且质量差、难冲调，只能卖给糕点厂当工业粉。

为了发展北大荒乳业，实现王震将军心中的蓝图，张源培在1964年春提出了筹建奶粉厂的意见，并责成副场长任文富组成一个考察组，到当时黑龙江省内最大的奶粉厂——安达乳品厂进行考察。1965年5月中旬，张源培又派白连印、李振仁前往哈尔滨松江罐头厂奶品车间考察。

经过研究，农场党委决定建设奶粉厂，并向农垦总局打了报告。1965年7月，农场调整年度计划，压缩其他项目资金投放，在工业项目中列了10万元建厂资金，9月份时计划批下来了。

在王震将军的关怀支持下，1965年10月1日，金秋时节的完达山披上了色彩斑斓的盛装。在完达山南麓，农场场部的东北侧，赵继林仪式感十足地组织了厂房施工放线程序，没有半点迟疑，紧接着就破土动工。一座设计日处理鲜奶能力12吨的八五一一农场奶粉厂在国庆节的喜庆氛围里，砌下第一块基石。

“自力更生，奋发图强。”张源培显示出其杰出的领导才艺，他既是指挥者，又是建设者。他举全场之力建厂，这是八五一一农场能工巧匠的一次大汇聚，首批参加建厂的干部职工共有26人，进行的是一次奠定北大荒乳业之基的“大决战”。

在生产设备等物资方面，农垦总局给予了极大的帮助，已经下马的杨岗罐头厂里的设备，能利用的，能改造的，都派上了用场。其他无法自造的设备进行外购。

在基建中，农场基建队昼夜施工，当年11月15日，仅仅一个半月时间，650平方米厂房土建工程就完工了。这拔地而起的厂房，可以说是“完达山速度”的开端。

在生产设备制造方面，龚承泰、宫宝玲、张中亚、李影、于永和等技术人员功不可没。当时外购的大型设备只有1台浓缩罐，1台分离机。喷粉高压泵是从佳木斯肉联厂借的，管式杀菌器是安达乳品厂赠送的，而其他设备都是自行研究制造的。最精密的“自造”设备要数卧式烘箱了，由龚承泰等技术人员设计。后来，就是这座烘箱在夺得第一枚奶粉银质奖章——全国质量奖中立下汗马功劳，被誉为“功勋烘箱”。

各类生产设备安装夜以继日。饿了，吃上一口干粮，困了，工地上和衣而睡，数不清的不眠之夜。在这7个月里，干部职工、技术人员和工匠们就这样“泡”在工地上。1966年4月15日，除牛奶真空浓缩罐等设备还没有到货外，喷粉环节已经基本能够运转。16日，龚承泰、李影等技术人员组织工人开始了试生产工作。马玉祥在浓缩岗位，刘传忠在喷粉岗位，周亚军在包装岗位……他们把在锅炉房用蒸汽平锅熬浓的牛奶抬到刚刚建成的制粉生产线，浓缩奶经过高压泵加压，通过喷头往送入热风的烘箱里喷雾。因为土法熬制的浓缩奶中有疙瘩，喷头经常被堵得无法使浓缩奶正常雾化。经过多天的不断调整，终于解决这个难题。

“奶粉厂要出奶粉啦！”消息不胫而走。1966年5月1日，新建的厂房外面聚集了不少前来围观的农场和地方的群众，大家争相趴在窗户上，好奇地张望，倒要看看这奶粉是怎么制造出来的。马玉祥、刘传忠、李玉清等第一代制粉工人正式上岗，他们用浓缩喷雾方式生产的第一批奶粉在崭新的厂房里终于问世了。虽然只有一铁撮子，大约五六斤重，但是这毕竟是北大荒人用自己建造的生长线生产出来的第一批奶粉，完达山脚下顷刻沸腾了！他们用玻璃瓶灌装了两瓶，马上送到农场场部报喜。在这个全世界劳动者的节日里，一群参与建厂的北大荒精英们抑制不住激动的心情，热泪盈眶。

交通落后，物资匮乏，资金短缺……仅用7个月时间，制粉车间、锅炉车间等平地拔起，并顺利投产，这样的“完达山速度”不能不说是个人间奇迹！受到农垦部嘉奖。奶粉生产出来后，张源培书记、场长提议将其命名为“完达山牌”奶粉。

十年后，“完达山牌”奶粉又创造了我国大颗粒速溶奶粉的奇迹，并在全国乳品行业推广。完达山食品厂书写了许多传奇故事，为振兴我国民族乳业做出了突出贡献。

华都食品：
伴随新中国改革发展的鸡肉品牌

河北滦平华都食品有限公司　韩世国

华都食品品牌创建于1982年，已历经38个春秋，主要产品包括鲜冻分割鸡产品、调理品、熟食制品、调味品等。华都食品是伴随着新中国改革发展的鸡肉品牌，引领了中国肉鸡事业的发展。

华都食品的诞生——创建时代

1982年，在当时国务院副总理万里同志倡导下，北京市畜牧局（首农股份前身）、中牧集团和水利部共同投资兴建了北京华都肉鸡联营公司，由此拉开了中国肉鸡事业发展的序幕。本着丰富首都市民菜篮子的初心，市政府为华都制定了“年屠宰加工肉鸡1 000万只，让首都市民每人每年吃上一只鸡”的宏伟计划。经过华都人共同努力，很快实现了年屠宰1 000万只鸡的目标，保障了首都鸡肉的供应。

华都食品的发展——引领时代

华都食品的发展史是一部中国肉鸡行业的引领史。

从开始华都人就肩负着“改善大众膳食结构，引领市场消费潮流”的历史使命。建立了“发展成为国际知名食品企业、世界名牌”的企业愿景，秉承着“诚信久远，品质至上，引领消费，协调发展”的企业精神。

1984年，率先推出“西装鸡”，从此改变了中国传统鸡肉食用习惯。

1987年，为中国肯德基第一家门店（北京前门餐厅）提供原料鸡肉，成为中国快餐业第一个鸡肉供应商。

1990年，在国内发展分割鸡肉，开创了中国分割鸡肉生产的先河，丰富了鸡肉产品品种，方便了大众鸡肉消费。

1997年，成功推出“冰鲜鸡”产品，为首都市民提供更加“安全、营养、新鲜、美味、方便”的鸡肉食品。

1998年，开始发展食品深加工，建立第一个熟食工厂并对日本出口，开创了中国鸡肉熟食产品进入日本超市的先例。

1999年，与日本IPS株式会社合作建立调味品工厂，在国内率先采用提取、分离、浓缩技术，将鸡骨架等副产品加工成天然调味品。

2000年，在国内拓展食品深加工业务。2005年9月，华都速冻调理鸡肉熟食被评为“中国名牌”，标志着华都正式成为集畜牧业和食品业于一体的综合肉类生产企业。

华都食品的拓展——转型时代

2007年，在国务院扶贫办和国家开发银行共同牵头下，由北京华都集团有限公司（首农股份前身）与滦平县人民政府共同合作实施了一个集种鸡饲养、饲料加工、肉鸡孵化、商品鸡饲养、肉鸡屠宰加工、熟食加工、调味料生产、食品安全检测、冷链物流配送及面向国内外市场销售于一体的开发性金融扶贫试点项目，即京承合作重点项目——河北滦平华都食品有限公司（以下简称滦平华都）。滦平华都每年可向国内外市场提供生制、熟制鸡肉产品8万吨，年可实现销售收入20亿元，直接安排就业5 000人，带动3 600户贫困农民参与产业化经营，间接带动近2万人就业。每年为当地农户增加收入超过1亿元，给当地带来了巨大的经济、社会效益。

滦平华都占地面积122 943平方米，员工2 600人，总资产9.9亿元。清真肉鸡屠宰加工厂引进了自动化屠宰、分割设备，单班每小时屠宰、分割肉鸡1.2万只，年屠宰加工肉鸡3 000万只。2010年与日本水产株式会社合作建设的熟食工厂拥有6条生产线，可生产油炸、蒸煮、油炸蒸煮、碳烤及烟熏烧烤5类产品，年生产能力2万吨。2011年与日本IPSF株式会社合作建成了以新鲜动物骨类和肉类为原料生产健康优质调味品的工厂，年生产能力4 000吨。滦平华都制定了“以出口为导向，以北京市场为基础，国内外市场并举”的营销策略和市场销售网络格局。至此，标志着华都食品的产业正式实现了拓展转型。

华都食品的升级——信息时代

滦平华都建立之初就借鉴了北京华都肉鸡公司的先进食品安全管理经验，坚持“源头抓起、全程监控”的指导思想。2010年11月，公司依托农业部农垦经济发展中心信息管理平台，历时两年量身定制了“生产有记录、信息可查询、流向可跟踪、责任可追究、产品可召回”的质量追溯信息管理系统。2017年公司建立了食品安全信息可追溯B/S云服务平台，完成了质量追溯信息管理系统的升级，通过扫描二维码即可查询到该产品的相关信息，将整条产业链有关质量和食品安全的信息全部纳入该追溯系统，实现了全产业链产品追溯的全覆盖。公司将多年来积累的技术优势、人才优势、信息优势、渠道优势与当地的区域优势和人力资源优势完美结合，实现了全产业链管理的信息化。

华都食品的创新——电商时代

2017年，滦平华都开始探索电商销售模式。通过入驻京东商城、每日优鲜，自建微店等多措并举，在线上平台重点推广鲜品托盒、单冻、调理及熟食4大系列50多款高端鸡肉产品。在2020年“6·18”电商活动期间，华都开启了直播带货的“体验式”营销方式，仅在6月18日当天，线上销售额就突破了100万元。

华都食品是中国肉鸡产业发展的一个缩影。在过去30多年里，华都与国内其他肉鸡产业化龙头企业一道，积极拓展中国肉鸡事业，大力推广鸡肉消费，已使肉鸡行业成为中国农牧产业中产业化程度最高的行业。现在华都食品是“京、津、冀”乃至全国百姓日常餐桌必不可少的食品。圆规之所以能画圆，因为“脚”在走，“心”不变。从市场驱动到驱动市场，华都食品秉持“品质卓越、服务一流、顾客满意、持续改进”的质量观一以贯之。

我的好米梦

天津黄庄洼米业有限公司　张蓓

我出生在一个普通的陕西农家，从小吃面食长大，当地主要种植春小麦和夏玉米。米饭对于我来说只是一种饮食的调剂，并不像面食那样两顿不吃就感觉缺点啥。

与大米结缘还得从高考填志愿说起。我2005年参加高考，对于未来还是一片迷茫，父母都是朴实的农民，不能给我的未来提供得力“参谋”。自己随意翻着高考志愿填报指南，偶然间看到天津农学院有个种子科学与工程专业，顿时眼前一亮：“我可以去研究种子啊，我要培育出一个新种子，给我妈妈种，这样她就能多打粮食，多卖钱，不用那么辛苦。”就这么定了，我要向伟大的育种事业进军！

天遂人愿，我进入了天津农学院第一届种子科学与工程专业学习。大四那年跟着导师下稻田，打开了我对于水稻的全新认知。真的感慨，种水稻太不容易了！作为女生，每天与稻田里的蛇、蚂蟥、各种蜘蛛作斗争，种水稻还要先浸种催芽、整秧田、育秧、插秧、各种上水、放水、收获，真的比种植小麦直接机播机收难太多了，艰辛的田间种植过程着实打击了我的心灵。

但是对于水稻的热爱战胜了对水稻种植的恐惧。2009年大学毕业后，我顺利进入当时的天津农垦集团所辖黄庄农场工作。说实话，从繁华都市到寂静乡村，刚开始的反差还是有些难以接受：农场是一排排的平房，睡觉是上下铺，吃饭用纸质的饭票，出了农场四周都是地，典型的荒郊野外。好在很快我被派遣到天津黄庄洼米业有限公司工作，与当初的设想完全不同，到了米业公司，并不是进检验室进行科研，而是踏上了销售大米的征途。

天津黄庄洼米业有限公司是2009年农垦集团结合天津宝坻黄庄洼地区优质的水稻资源成立的产学研、科工贸为一体的大米加工企业，我认为它是建立在稻田中央的老百姓米仓。黄庄洼地区周边有近30万亩的水稻田，种稻历史可追溯到明代万历年间。如今的黄庄洼拥有肥沃的退海黑土地，潮白河、蓟运河、青龙湾等水系环绕，生态环境优美，每到水稻收获时节，藕壮鱼肥，稻香四溢，是津郊著名的米粮仓。黄庄洼米业公司立足优良生态及丰富的优质水稻资源，开发出天津小站稻、粒粒香、洼田米、花育稻香米、津垦1号米等五大系列产品。结合自己对水稻的专业知识和对黄庄洼地区的历史及种植资源优势的了解，我向客户讲解大米知识的时候还是挺受客户喜欢的，这些喜欢和认可让我愈发爱上了大米、爱上了黄庄洼！

好米上市还需要一个响亮的商标及宣传口号，如何突出展现区域优势和产品特性？我思考良久，几经修改终于完成了黄庄洼商标的设计稿：黄庄洼品牌是图形加文字的形式展现的，商标上方图形中有5瓣象形的谷粒随风转动，下面是黄庄洼地区优质的土壤资源和水利资源，寓意五谷丰登、五谷稻为先、旭日初升等，外形酷似一朵向阳花在努力绽放。新黄庄洼商标寓意明确，表现力生动，得到了广大消费者的认可，一直沿用至今。

米业公司致力于走质量兴企之路。先后通过了中国绿色食品发展中心的绿色食品认证、ISO9001国际质量管理体系认证、食品安全管理体系认证、危害分析与关键控制点（HACCP）体系认证、职业健康安全管理体系和环境管理体系认证，农产品质量追溯体系结合37项食品安全内控制度，使黄庄洼米业成为“从田园到餐桌，安全放心食品的创造者”，为百姓奉上好吃的“黄庄洼”米！

功夫不负有心人，公司先后被评为天津市定点粮油加工企业、粮食应急加工企业、天津市农业产业化经营市级重点龙头企业，2015年成为天津市大米应急储备单位，2017年公司被指定为第十三届全运会大米独家供应商，“黄庄洼”品牌被评为天津市知名农产品品牌，2019年又被纳入中国农垦品牌目录。

2020年新冠肺炎疫情期间，公司毅然决定实行封闭管理，在严防疫情的基础上积极复工复产。封闭管理期间，公司党员领导干部带领13名生产工人从春节的轻松状态紧急集结，成为一条保供应的坚强力量，这一封就是39

天，在这39天里，党员领导干部坚持靠前指挥，工人群体团结奋进，无一人出现感染情况。截至4月7日，疫情期间公司生产不同品种不同规格大米2 117吨，销售大米1 315吨，接近去年同期产量。

黄庄洼米业是2009年7月成立的，我是当年10月份来的公司。黄庄洼米业公司逐渐强大，并向着京津冀优质大米品牌的目标进发，而我也从一个懵懂的大学生成长为企业的一名管理者。我与黄庄洼共同成长，黄庄洼实现了我的好米梦。

鹤舞稻香

光明食品（集团）有限公司　张国江

“鹤舞稻香”是上海市场高端大米品牌。“鹤舞稻香”大米，看着透亮、闻着清香、吃着糯软，不仅品质好而且款式多，更适宜当作朋友之间走动的“伴手礼”。“鹤舞稻香”大米的出生地是“仙鹤飞舞、麋鹿奔跑、稻花飘香”位于江苏大丰黄海滩涂上的上海市海丰农场。

上海市海丰农场因安置上山下乡上海知识青年的需要，从上海农场划出部分土地于1973年4月创立，并于1976年在江苏盐城地区大力支持下进行了大规模围垦造地，形成了166平方公里农场版图。农场创立之初的主要任务是发展农副业并逐渐发展农场工业、建筑、交通及后勤保障产业。20世纪90年代中期，农场开始思考产业转型以及农业结构调整，并尝试按市场化思路来发展农场。1997年，恰逢上海联华超市不断扩张，有“定制商品”的想法，农场得到信息主动对接，结果一拍即合，定制“联华海丰大米”正式上市，并于当年销售了近200吨，迈开了农场人闯市场育品牌的第一步。

进入21世纪，农场发展定位更加清晰，重点围绕水稻种植及大米加工做文章，立足农场自然人文环境，从“仙鹤+稻穗”结合的美景图得到启发，推出“鹤舞稻香”大米品牌，呈现给热爱自然、践行“绿水青山就是金山银山”理念的人们。并从土壤、种植、加工、营销各环节，用稻米文化的理念来塑造“鹤舞稻香”大米品牌。一是实施“沃土工程”战略。落实一系列土壤改良措施，降盐分、增肥力。每年拿出三分之一面积种绿肥或休耕，严管投入品，不断减少化肥、农药投入量，大力发展绿色种植、有机种植。绿色食品认证率达到100%，确保了“鹤舞稻香”大米的品质安全性。二是实施“人才工程”战略。进入农业院校谋人才，尤其是扬州大学、安徽农业大学、南京农业大学招用农学、植保、农机及加工方面人才。有农业专业背景的员工管理生产一线全面贯彻了以叶龄模式为诊断指标的水稻群体质量栽培技术路线，建立了水稻品种防杂保纯、快速扩繁良种繁育技术体系。从而从品种、生产技术措施上确保了“鹤舞稻香”大米的品质稳定性。三是实施“加工提升”战略。引入“吃干榨净、循环利用”理念，着手规划了30万吨粮源基地，建设了1.2万吨保湿低温库，配置了日本佐竹大米加工线，从而使“鹤舞稻香”大米“常吃常新”从理想变为现实，确保“鹤舞稻香”大米口味衡定性。四是实施“市场拓展”战略。海丰农场自从确立稻米发展战略之始就十分注重营销队伍建设，不断拓展市场空间，从上海市场到长三角市场，并走向全国市场；从商超到电商、微商，从线下到线上与线下结合；从定制“联华海丰大米”到“海丰优质大米”、推出高端“鹤舞稻香”大米。尤其“鹤舞稻香”大米品牌融入了农场自然风光、农场职工情怀和农场垦拓元素。

我在海丰农场工作多年，虽然因工作调动离开海丰农场已有十个年头，但那秋收时节“丹顶鹤跳舞、稻谷飘香”的场景仍历历在目，农场员工用智慧、勤劳、创新、奋斗来培育、呵护“鹤舞稻香”品牌的情景仍记忆犹新……

名茶荟萃 “福安农垦”

福安市农垦集团有限公司 雷雨

福安市农垦集团有限公司位于福建省福安市，是福安市委、市政府批准设立的市属国有集团公司之一，注册资本10 000万元人民币，成立于2018年1月，现有在职员工96人，权属企业及参股企业10家。集团以党建为引领，以补短板、做示范、创机制为重点，以技术、品牌、资金为纽带，面向全域，整合资源，开发农业多种功能，拓展农业产业链服务业，推动资源变资产、资金变股金、农民变股东，带领小农户对接大市场，打造福安名优农产品供应商、全域农业公园运营商、乡村振兴平台龙头公司，促进福安农业高质量发展，实现企业发展、农业增效、农民增收、乡村振兴。

福安农垦集团商标品牌主色采用丰收橙、阳光黄、福安蓝，分别象征着福安的幸福与安宜，福安的阳光与热情，福安的生态与美丽。标志中的上半部分用代表农业丰收的橙色，表现集团朝气蓬勃的发展；下半部分用代表土地的黄色，寓意集团根植农业，厚德载物的丰富内涵；整个标志以六角形蜂巢的形状，结构坚固，合力共赢，构建共荣共生的发展平台。标志是以中文“垦”字设计组合而成，垦上半部分艮，八卦之一，代表山，高度，向上的精神；垦下半部分土，五行之一，代表土壤，稳健，包容一切万物成长，生动地表明了集团的行业属性。垦字中的点，代表了希望的种子，奋斗的汗水，做好源头，打造可持续发展的经营之道。垦字中结合了发芽的小苗以及根深蒂固的大树，是集团一步步成长的见证。整体商标品牌形象稳健，将行业特色与中国文化特色相融合，简洁大气，凝聚智慧，欣欣向荣。农垦集团商标“福安福”，截选垦字中代表希望的种子，奋斗的汗水的点为整体标志，内嵌中文标志福安的组合形象字，字形周边环绕着茶花、茶叶、脐橙、葡萄、蜜桃等，寓意着自然、生态、和谐，福建福安福垦，福山、福水、福茶、福果、福旅。通过品牌形象的高度整合规范，塑造有共同价值观、有规模、有责任感、有温度、具有创新能力、可信赖的集团形象，形成品牌合力，实现母子品牌互相拉动，共同提升集团的品牌价值和社会影响力。

福安农垦集团有限公司现有茶园6 000多亩，其中：坦洋茶场生态茶园基地1 800多亩，是坦洋工夫生产厂家，福建省外贸坦洋工夫生产基地；高坂茶场生态茶园基地2 350多亩，场内设有福建省茶树优异种质资源坦洋菜茶保护区；王家茶场高海拔生态茶园2 000多亩，是全国绿色食品原料（茶叶）标准化生产基地示范片，1 200亩通过瑞士英目有机茶认证，是福安市新优茶树品种推广示范基地。集团公司明晰主业发展，以福建农垦茶业有限公司和三个国有茶场为抓手，做大做强茶产业，提升推广福安名优特农产品。建立福安农垦标准体系，全面建成茶叶产品质量追溯体系，制定冠军红、东方美人、福安红等茶产品标准6项，促进标准化生产。建立绿色食品原料基地（茶叶）2 000亩、出口备案基地（茶叶）1 200亩，应用质量追溯产品200吨，300亩生态数字化（智慧）茶园投入使用。现有坦洋工夫·冠军红、福安红、金闽红、红韵天成、富春壹号、坦洋壹号、坦洋红、农垦壹号、富春绿、东方美人等红茶、绿茶、乌龙茶。

1915年坦洋工夫凭借自身的天生丽质和精湛工艺在“巴拿马太平洋万国博览会”上一举夺得金牌奖章，享誉中外。农垦集团联手3次乒乓球世界冠军陈新华，打造“冠军红”坦洋工夫红茶，充分展示福安农垦品牌。“冠军红”精选特定区域之特定品种，糅合特殊加工工艺，茶形色泽乌黑，条索紧秀，汤色金黄，涵自然山水本色，得“冠军”之神采，蜜韵花香，鲜活甘爽，成就百年工夫之极致。坦洋工夫红茶系列产品先后获得“中国国际博览会交易会”“中国茶文化国际研讨会暨展示会”“中国（福建）国际茶·茶具·茶文化博览会”金银奖和福建省“名茶”，是福安市坦洋工夫实物宣传产品唯一指定生产商。

富春壹号选用高山原生态茶园高香型茶树品种为原料，传统乌龙茶加工工艺与坦洋工夫红茶加工工艺完美结合，茶形乌褐有光泽，细腻无太多碎屑，既保留乌龙茶品种的独特花果香，又有坦洋工夫红茶的醇厚蜜韵柔滑，更保有品种特有的香韵味，鲜活甘爽、韵味无穷。

东方美人茶又名白毫乌龙或香槟乌龙，原料需经茶小绿叶蝉吸食后长成之茶芽，称为着涎的青茶，再加以传统技术精制而成。茶形干，茶绿、白、红、黄、褐五色相间，汤色明亮润泽，呈琥珀色，天然果香蜜味、滑润爽口、回味持久、意境无穷，茶底色泽多样，匀齐成朵，堪称茶中极品。